U0069274
葉子

根

以讀者爲其根本

莖

用生活來做支撐

引發思考或功用

獲取效益或趣味

番茄美人
健康餐

銀杏GINKGO

番茄美人健康餐

作　　者：周敦懿・王彥懿
出 版 者：葉子出版股份有限公司
發 行 人：宋宏智
企劃主編：鄭淑娟
行銷企劃：汪君瑜
文字編輯：陳淑儀
攝　　影：徐博宇、林宗億（迷彩攝影）
美術設計：阿鍾（小題大作）
印　　務：許鈞棋
專案行銷：吳明潤、張曜鐘、林欣穎、吳惠娟、葉書含
登 記 證：局版北市業字第677號
地　　址：台北市新生南路三段88號7樓之3
電　　話：（02）2366-0309　傳真：（02）2366-0310
讀者服務信箱：Gservice@ycrc.com.tw
網　　址：http://www.ycrc.com.tw
郵撥帳號：19735365　　　戶名：葉忠賢
印　　刷：鼎易印刷事業事業股份有限公司
法律顧問：北辰著作權事務所
初版一刷：2004年11月　　　新台幣：280元
ISBN：986-7609-43-3

國家圖書館出版品預行編目資料

番茄美人健康餐 / 王彥懿, 周敦懿著. -- 初版
. -- 臺北市：葉子, 2004[民93]
面；公分
ISBN 986-7609-43-3(平裝)

1. 食譜 2. 番茄 3. 美容
427.3　　　93019611

總 經 銷：揚智文化事業股份有限公司
地　　址：台北市新生南路三段88號5樓之6
電　　話：(02)2366-0309
傳　　真：(02)2366-0310

作 者 序 1

十項全能、得天獨厚的美味蔬果

由於生活水準提高，人們對飲食的要求不再只是溫飽，更要求精緻，然而愈來愈多的文明病是因為飲食不當所造成，這不免讓我們要問：究竟要如何吃才符合健康？身為一個餐飲教育工作者的我，對於如何能吃得健康，自己總覺得有份使命感，也覺得正確的飲食觀念要多加宣導。人們的財力多半顯示在飲食的消費上，但是有太多例子顯示：滿足了口腹之慾，卻往往犧牲了健康。食物可以載舟，但也可以覆舟。

近年來醫學界普遍提倡「預防醫學」，強調預防重於治療，這種新一代的養生觀點之一，著重在正確的飲食態度與行為，以達到預防疾病，尤其是癌症的效果。癌症對於現代人來說，仍是一個聞之色變的疾病，您只能去預防它，遠離它，然而正確的飲食，是有效預防某些癌症的良方。

我是一個對於健康意識很敏感的人，任何有關於健康飲食的觀念、食譜或是話題，我會將之列為「優先考量與學習」的訊息，並將這些訊息轉為自己的飲食行為或是態度，為了家人與自身的健康，我擔任著守門員的角色。近來番茄被喻為「具有抗氧化力」的優質食物，一時間，「茄紅素」（Lycopene）這個名詞的人氣指數一直攀升，各種吃的、喝的、擦的、抹的，都和茄紅素有關，令我十

分好奇，番茄的魅力到底在哪裡？

好友淑娟邀我出番茄的健康食譜，我欣然同意，直覺得這正是一個認識番茄的好機會。說實在，以往對於番茄的印象，也僅止於「臭柿子」夾話梅的那股懷舊情感，還有媽媽味的番茄炒蛋以及番茄蛋花湯而已，除此之外對番茄沒有多少特殊情感。因為此次的番茄食譜企劃，得以認識番茄的魅力何在，也親自體認到，番茄的料理也可以如此的美味，真想說：「親愛的！我把番茄變好吃了！」

本書囊括了中西飲食中，番茄入菜食譜或是飲品，除了吃的以外，也加入塗的抹的DIY 番茄美容品，這才發現番茄真是個「十項全能」、「得天獨厚」的蔬果！

多吃番茄有益健康，建議您多了解各種番茄種類的適用時機以及烹調的方法，善為健康加分！

周敦懿

一種幸福

參與《番茄美人健康餐》一書的編寫過程，是一種幸福。

自己在美國攻讀營養生化碩士的主題，就是以類胡蘿蔔素家族為主的議題，那個時候在恩師的帶領下閱讀了許多相關的研究報導，也深深對這個家族的營養使命著迷。事隔多年，為了編寫《番茄美人健康餐》一書，在找尋研究報導的過程中，腦海裡不禁又閃出當年的生活片段，是一種懷念的幸福。

能與周老師和淑娟一起把這些概念完成，是一種幸福。

如果在看食譜書的過程中，也透過閱讀文字經歷了食材的古今風貌，對某些饕客而言，除了味覺上的嘗鮮與滿足，也提供了知識探索的空間，是在編寫這本書的過程當中，一直想呈現給讀者的起始動機。提供知識性、實用性、與健康意識的概念，是這本書想訴諸的方向，這些思維片段都得感謝淑娟的統籌才得以完整的風貌呈現出來，過程中的抽絲剝繭，是一種孕育的幸福。

隨著《番茄美人健康餐》的完稿、後製和出版，這份幸福才剛開始要發光發熱，希望讀者們在看完番茄的古今風貌、嘗一嘗自己親手做的百變番茄，不僅讓自己可以體會一下幸福，也可以將幸福透過不同的菜色分享給摯愛的人，讓他們也體驗享用番茄的幸福。這將是一份健康的幸福，分享的幸福……。

書寫的過程當中，很感謝家人的鼓勵與支持，一些醫界親友對文中健康觀念的指正，讓艱澀的研究文獻內容可以更貼近一般大眾，與後製過程中的相關工作人員的協助，讓這本書可以順利出版。這是一份感恩的幸福。

王彥懿

目錄

Chapter 3 魔法百寶箱

Chapter 4 番茄與美容——美麗不再是難題

目錄

Chapter 5 番茄小棧——瘦身族看這裡

Chapter 6 番茄的魔法廚房

Chapter 1

落入凡間的美麗精靈

番茄，鮮豔的果色，豐富的口味，

不僅生吃時獨具風味，

用不同烹調方式調理，

也可以為菜餚添色加味，

是現代人很喜歡的食物之一。

一般人也許無法想像，

番茄在歷史上剛出現時，

可並沒有現今這樣備受推崇的身分地位呢！

精靈的故鄉——番茄的流傳歷史

依照可追溯的歷史文件推論，原生種的番茄，最早可能原產於南美洲西部沿海的高地，現今甚至在祕魯、厄瓜多爾和智利的部分區域中，都還可以發現番茄的野生品種。歷史學家懷疑，番茄剛開始散播到其他地方，可能是透過動物或鳥類的幫忙，這些飛禽走獸食用了番茄後，因為氣候或某些因素遷徙到他處，所吃進的種子無法消化，就可以原封不動的透過排泄物，在新的地方延續繁衍，才漸漸將番茄傳播開來。

◎美艷的毒果子？

也有歷史學者推測，大約在十六世紀中葉時，因為航海探險的蓬勃發展，總是會透過航海探險隊的船員，找到新陸地的新花樣，番茄也是因此才有機會由當時航海探險的霸主西班牙人和葡萄牙人從南美洲傳入歐洲。剛剛「進口」到歐洲的番茄，並沒有馬上得到眾人青睞，它植物株體的細小纖毛，以及美艷的果實外觀，反而讓一般人心生畏懼，到處宣稱這種東西是有毒的。當時居住在歐洲的人口耳相傳，宣揚這種鮮紅色的蔬果可能含有劇毒，不能任意食用，所以外觀亮麗可人的番茄，只能委身於庭院一角，在庭園栽培時沾上一點點邊，藉著鮮豔的果實，吸引眾人的目光。

十八世紀到十九世紀間，隨著人們對新大陸的探險和遷徙，番茄慢慢由歐洲流浪到美洲，然而，無論身處歐洲或美洲，人們對於番茄這個植物株本身散發出來的怪異味道，即便只拿來作為庭園造景的觀賞植物，也因為觀念上的迷信，全然相信它植物株體上的纖毛也有毒，相互提醒彼此不可以誤觸而導致中毒，所以當時的農業相關報導都強烈建議民眾必須把番茄種植在距離房宅較遠的地方，以免孩童誤觸或誤食。這類傳言隨著書信、各種農業刊物報導、街坊鄰居聊八卦時一一散布，讓這個「美麗精靈」無辜且孤零零的在庭園角落裡，孤芳自賞了好長一段時間。

◎番茄上菜

終於，情況有了轉機，慢慢的，法國這個總是不甘心放過美麗嘗試的浪漫民族，開始有人試著將番茄入菜，主要也是想測試一下傳說中的毒藥到底是不是真的有毒。這一試，總算讓孤芳自賞的番茄有了鹹魚翻身的機會。通過好奇心的考驗，番茄終於被確認並沒有毒性。但是，剛進入廚房，上了餐桌，好不容易可以入菜的番茄，口碑卻差強人意，因為大部分群眾對於這種酸味強烈的食材，大多抱持既新鮮、又害怕受傷害的心態，因此在好長一段時間內，番茄普遍的風評仍是處於兩極化：有人極力推崇番茄在烹調肉品與湯類時，具有相當獨特的風味特色；相反的，也有許多保守派人士還是堅持固守心裡既有的迷信觀感，寧願遠遠的擔任觀賞者角色，甚至還提出「番茄並不營養、也不可口」的批判。

有些歷史記載對番茄也曾經出現過不同的代名詞，譬如曾標榜番茄是一種「愛情果」（Love Apple）。早在十六世紀初期，義大利的植物學家 Luca Ghini 就是第一位提出番茄和愛情有關的人，而曾經出現在希臘神話中的「金蘋果」，被歷史學家推論，可能也是黃色品種的

番茄。也有少數記載將番茄認定是一種春藥，但卻沒有真的出現相關史實報導，證明真的有人拿番茄來作為催情用途，是否因為擔心它的「毒性」？就沒有資料可考了。不過，在當時部分修道院中倒是明文規定了不可以栽種與食用番茄。從這些風評中，可以讓現代人略窺當時人對番茄又期待、又矛盾的多樣情懷與心結。

在通訊與交通都不發達的時代，一個訊息的傳遞必須耗費多年，許多種子或植株總是隨著旅人的足跡展開漫長旅程，番茄的種子也曾隨著親友間的書信傳遞而散布飄流，這些漫長的旅途，往往要耗費數月，再加上當時沒有科技化的傳播媒體，即時而忠實的將視覺訊號傳遞呈現於各處，可以想見，一個訊息的傳遞會加入過多個人經驗與主觀的見解，隨著書信或刊物所描述的番茄食譜與番茄功效，總是讓沒有親眼看到的人半信半疑，也因而讓番茄的散布耗費多時，同時更顯曲折。

精靈魔法無遠界——各國使用番茄的習慣

番茄的學名為 *Lycopersicum Esculentum* ，隨著不同的風俗民情，給了它不同的名字，常見的「番茄」和「西紅柿」都取自於外來物的意思，中國人習慣將外國引進的物品，取名為「番」，表示這個食物來自於外邦，並非原產於中國內地，而西紅柿的「西」，也表示來自西方之域，取其來自西番的歷史意義。最早被列入中國史書記載的番茄，可以追溯到明朝王象晉的《群芳譜》，書中記載的名字為「番柿」，有球形、橢圓形、卵圓形等外型，顏色則有紅、黃、橙等，在

當時也不是列為食物選擇之一，和國外的發展歷史類似，只是被列為觀賞用的美麗植物而已。

◎台灣

台灣最早出現番茄的歷史，有歷史學者推論應該約在1622年，由荷蘭人在占據台灣時一起帶入台灣；而有另外的說法是，1621年葡萄牙人拓展航海版圖時，將番茄先傳入中國，十八世紀初期，再由中國傳入日本，1895年前後才由日本帶進台灣。無論哪一種說法，都證實了台灣並沒有出現原生種番茄，而當初最先引進的番茄，當時也只做為觀賞植物用。後來在日據時代，日本人又引進了新品種，主要是用來加工，並且在日後奠定了台灣番茄生產與加工出口的世界地位，雖然後來耕種與加工番茄的區域陸續轉到墨西哥、泰國等人工成本較低的國家，但番茄畢竟曾是台灣經濟發展史上很重要的一個環節。透過官方與民間研究機構對於育種技術的升級和改良，這些來自不同品種的番茄在歷經了數十年的世代交替後，漸漸發展出今天多樣化、多風味的番茄面貌。

台灣剛有番茄出現的時候，並沒有採用「番茄」的名號，而且南部和北部也出現不同的稱呼，南部人因為取其甜蜜的豐富口味，就好像是沾了蜜糖的柑橘一般香甜，所以就將它稱為「柑仔蜜」，也習慣直接生食，不論是清洗後直接切片食用，或是另外加入薑汁、糖和醬油調味，或者以薑汁拌醬油膏沾著生吃，豐富而清爽的口感，總是提供了在炎熱天氣中，最清爽健康的食物選擇。

在北部，稱呼就完全不同了，因為番茄植物株本身常常會散播出怪怪的氣味，而番茄在熟成後，鮮豔多汁的漿果外貌可以媲美完全熟成的紅柿，因此，取其外觀的特色和植物株體的特殊氣味，北部人曾稱呼番茄為「臭柿子」、「草柿子」，另外也還有一些以外觀判斷而出現的名號，像是「小金瓜」、「六月柿」、「洋茄子」、「毛臘果」、「洋海椒」（四川人的稱法）等各種逗趣的稱呼。北部人在剛開始食用番茄時，比較習慣將番茄入菜，而較少直接食用。但是，隨著番茄的營養健康角色愈加吃重，這些有一點點諷刺的稱謂，就漸漸被眾人遺忘了，大家心裡可能只想著可以提供各種豐富營養素的番茄，早就忽略了它的植物株體到底是什麼怪味道了。

番茄不僅可用來入菜，在零嘴圈子裡也沒有喪失光芒，有些改良的「糖葫蘆」改用聖女番茄作為糖漬包覆的材料，咬時外覆糖衣的脆度與內含番茄的果汁，是一種很奇妙的組合。還有小吃攤常見的小番茄夾李子蜜餞，一口一個的香甜酸，所有的甜蜜都在心頭。

番茄在台灣民間習俗上，是不能上供桌的，無論對神佛或祖先，番茄都不可以拿來作為祭拜品。民間有兩種說法來解釋番茄的定位，一種是番茄的植株與果實都有一股臭腥味，將這樣味道的食物奉上供桌，對神佛或祖先恐怕不敬；另外一種說法則是因為早期還沒有化糞池處理排泄物的農業社會，番茄的種子太多了，無法透過消化道消化，會隨著排泄物原封不動排泄出來，透過肥水倒入田中直接做肥料時，種子會四處發芽並在田間到處長出新植株，對神明或祖先也不尊敬。事實上，番茄從台灣的農業社會進展到今天，這些習俗在大多數

家庭都還保留著，只是年輕的新世代，可能只知其然，而不知其所以然了。

◎義大利

如果要問義大利的基本食物元素是什麼，番茄一定是其中重要的一員。義大利麵中常用的四種重要醬汁：白醬、青醬、黑醬和紅醬，其中的紅醬：茄汁醬（Tomato Sauce），就是以新鮮番茄為基本元素，在經過去皮、去子的步驟後，另外以橄欖油爆香大蒜和洋蔥，加入番茄丁小火慢煮約20～30分鐘，以鹽和黑胡椒調味後，就完成了各種以紅醬為主的Pasta重要調味師，換句話說，番茄正是主導紅醬的味覺與嗅覺的最主要元素。現代人大方享受各種義大利麵時，很難想像在1832年左右，就已經有食譜記載類似的醬汁做法，可見番茄所做成的茄汁醬，在當時的義大利，可能已經蔚為風潮，甚至還有可能透過食譜專書的出版，跨海影響到美國的烹調歷史。

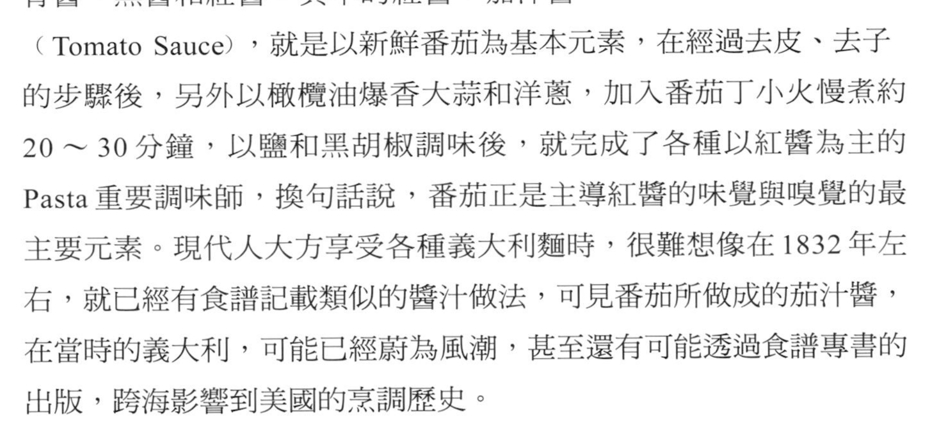

我們也不可以忘記風味多變的披薩，要作出道地的義式披薩，番茄糊也是重要的元素。義大利披薩可能起源於拿坡里，剛開始只是運用了麵粉、酵母、鹽和橄欖油，揉成麵糰壓扁後，直接以加熱的石頭烘熟，後來由西班牙引進了番茄，就開始為原本只有麵糰味道的麵餅添加許多風味，也漸漸

發展出各種餡料的披薩，義大利人吃披薩，南北也有一些不同，靠近北義大利喜歡吃有香脆口感的薄片口味，越往南部，就越喜歡厚片麵糰的香 Q 口感，而唯一不變的是，絕對少不了番茄，當 Mozzarella 起司受熱後和番茄的風味融合在一起，香濃卻不膩的口感，是喜愛披薩的人最難忘的。基本上，只要餡料的搭配合宜，披薩其實是非常方便的健康速食，將蔬果類的比例加高，餡料調配時的油和鹽都稍稍控制一下，就會是人見人愛、既美味又健康的速食料理了。

從義大利人的飲食模式中，不難發現他們對番茄的依賴程度，他們每天都習慣吃番茄沙拉、番茄汁、茄汁醬和番茄糊等各式美味料理，番茄在義式料理中出現的頻繁程度，就好比亞洲人對米飯的依存關係。

◎美國

番茄先在歐洲流傳許久，後來才傳入美洲，因此番茄在美洲新大陸的運用，時間點上比歐洲落後一些，剛開始烹調番茄時，一般人也都「建議」要煮個 2 ～ 3 個小時，以完全去除番茄毒性，可以想見的是，當時人對於番茄仍是存有戒心的。

雖然如此，但現代人在速食食品或烹調上不可或缺的調味料：番茄醬（Tomato Ketchup），卻可能源於美國。大約在十八世紀與十九世紀的交界時代，美洲大陸上開始出現各種番茄醬做法的討論，剛開始還對於傳統義式的茄汁醬（Tomato Sauce）與新開發的番茄醬（Tomato Ketchup），在定義與使用上都出現部分重疊或模糊區隔，後來透過經驗法則，人們開始產生比較明確的概念：茄汁醬在製備完成後，多半都要立即食用完畢，否則風味會喪失，品質與安全度都將受影響；而番茄醬則可以保存較久，因此會額外注意它是否添加一些具有防腐效用的成分，以保持產品特有的風味與安全。不論這種定義上的區隔，以及實際烹煮操作時的實質落差，是否困擾了當時的廚師或消費者，可以肯定的是，番茄在十八世紀末期的美洲，似乎已經掀起了食用的風潮。

後來在美國衍生出來的速食文化，就顯示出美國人已經將番茄醬徹底融入生活飲食中，各種速食商品都大大應用了番茄醬，舉凡漢堡、熱狗堡、薯條、沙拉醬、潛水艇三明治……等，都不難發現番茄醬的蹤跡，而番茄醬也的確提供了這些速食產品的獨特風味，讓消費者對速食產品的直覺印象，一定會自動連結到番茄醬。

有趣的是，番茄似乎也在美國飲食歷史上，占了舉足輕重的地位，在十九世紀初的前期，因為交通不發達與民風保守，美國還沒有出現各種具有特色的餐廳，大約在1820年代開始，旅店和酒店有鑒於通商貿易的商人越來越多，層次也越來越高，才開始增設餐廳，提供商務人士的需求。這時候，各種與番茄有關的菜色

也紛紛出現，並且有些還儼然成為部分餐廳的招牌菜，藉此吸引饕客上門，各家餐廳絞盡腦汁，各種食譜也紛紛出籠，好像如果不會用番茄入菜，在當時可就真的落伍了。

◎西班牙

西班牙人自從在十六世紀中將番茄從南美洲帶回國土後，似乎就和番茄結下了不解之緣，地中海型氣候非常適合番茄的生長與繁殖，西班牙人也早就以番茄入菜，最初可能是先以沙拉涼拌的方式供應（約在西元 1608 年以前），雖然當時沒有正式食譜將實際材料與做法記錄下來，但後來在義大利出版的食譜（約在西元 1692 年），作者曾經提到書中的番茄食譜是由西班牙文翻譯而來，可見西班牙人熱愛番茄和在飲食上的多樣變化早已顯現。聞名世界的「西班牙海鮮飯（Pealla）」，是西班牙東部的名菜，旅遊人士到西班牙肯定要嘗嘗這道美味料理，海鮮飯中的基本要素包括了新鮮味美的多種海產、番紅花（Saffron）、西班牙長米、鮮豔欲滴的番茄，總是讓嘗過的人，從此迷戀上西班牙菜。

西班牙的夏天也非常番茄，每年八月的最後一個星期三，西班牙東部小城布尼奧爾會變裝成為「番茄城」。傳說在西元 1945 年，布尼奧爾街上有一個小樂隊正在遊街演奏，其中的喇叭手趾高氣揚，讓路邊民眾很想削減他的銳氣，就隨手拿起手邊的番茄對準喇叭丟去，接著一群人開始比賽誰丟的準頭較好，開始了一場前所未見的「番茄混戰」。也許這個經驗太暢快了，熱情的西班牙人因此選定了番茄盛產期，每年都固定在八月的最後一個星期三，於布尼奧爾舉辦番茄狂歡節，來自世界各地想要親身體驗番茄大戰的遊客，都可以在此不分國籍，大辣辣的用新鮮番茄大展身手、大番進攻，將當地提供的百噸番茄一次用盡，每個參與番茄大戰的遊客，雖然最後都免不了一身番茄味道的狼籍，卻也體驗了既刺激又安全、也永難忘懷的旅遊經驗。這項旅遊特色，每年都會為居民只有九千人左右的小城布尼奧爾，吸引將近四萬人次的外國觀光客，而布尼奧爾也因此成為西班牙非常著名的一個旅遊景點。

◎日 本

雖然番茄可能在十八世紀初期已經由中國傳入日本，但是特有的風味卻讓民情保守的日本民族望之卻步，一直到明治時代，一般人是根本不敢食用番茄的。日本人開始食用番茄，可能是在第二次世界大戰後，由於部分美軍將一些美式料理帶進日本，才讓日本人開始改變對這種蔬菜的印象。戰後重建的日本，顯露出有些崇洋，也有些排外的矛盾情結，因此也影響到部分日常飲食菜色的調配上，很有民族意識的將番茄或番茄製品發展成屬於日本精神的食物，例如：蛋包飯中，會將炒飯加入番茄醬拌炒均勻，讓炒飯的香味與甜味都獨具一格，當輕輕搓破外圍的蛋皮時，尚未熟透的蛋汁與帶有番茄醬風味的炒飯融合成一體，是許多戰後新生代戀戀不忘的既

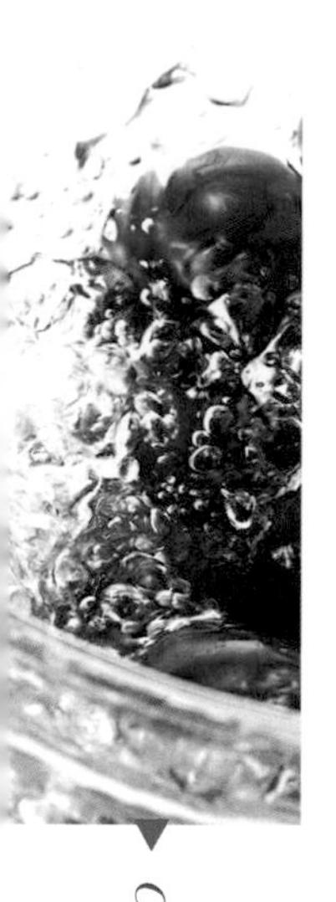

營養又紮實的飯點。

之後日本因為躋身二十世紀的經濟大國，各國人才的交流與互動頻繁，也將各國美食帶入日本，引起日本新世代的注意，義大利的各種 Pasta 、西班牙的燉飯、還有來自中國的各地名菜，都登上日本餐廳，並在當地贏得口碑與稱讚，番茄在這場經濟與人類飲食交流文化的互動中，可沒有缺席呢。

◎墨西哥

早在 1529 年，聖方濟修會傳教士 Bernardino Sahagun 遠渡重洋抵達墨西哥傳教時，就發現當地原住民將番茄切丁，混合了辣椒、南瓜子等做成菜餚的沾醬，稱之為 Salsa ，這種沾醬不論與海鮮料理或肉類料理都很搭調，可以帶出菜餚的鮮美， Salsa 醬後來也透過墨西哥移民帶進美國，並且深深影響了部分美國人對番茄製品的選擇。番茄醬（Ketchup）從十九世紀初期即稱霸美國，但卻在 1991 年被 Salsa 醬擊敗，將銷售冠軍寶座拱手讓給了 Salsa 醬，退而成為銷售量第二名的番茄製品，由這場番茄製品的肉搏戰中，就可以知道這種保有部分番茄丁外觀、口味酸甜嗆辣的調味品，已經成為新世代的最愛。

同樣都是番茄製品，不知番茄醬會不會發出「既生瑜，何生亮」的感慨？總之，番茄製品世世代代的起伏變化，都操之在人類口欲喜好的變遷當中。

尋訪精靈——選一顆好番茄

番茄歷經了數個年代的品種改良與發展，在部分區域已經可以全年栽種，讓消費者全年隨時都可以享受到新鮮味美的番茄，今日一群追求健康訴求的人，隨時隨地都在大啖番茄的情景，絕對是四、五百年前的人完全無法想像的！

◎怎樣區分各種番茄

在植物學的分類上，番茄隸屬於茄科，是一至二年生的草本植物，目前的番茄品種在分類上有兩大區隔，一類是生食用的番茄，另外就是加工用的番茄。一般而言，生食用的番茄果實皮比較薄，水分含量較多、味道酸甜適中，在西餐運用上還可以區分成直接食用的番茄（櫻桃番茄）、沙拉用番茄、熬煮沾醬或湯汁用的番茄、以及漢堡或三明治使用的切片番茄；而加工用的品種果皮相對較厚，含水量較少，因此，在製備番茄汁、番茄醬或蜜餞時，都會因為含水量較低，可以保留更多的番茄原味與營養。

◎種一棵好番茄

就栽種的環境因素來說，番茄喜歡溫暖乾燥的栽種環境，最適宜的溫度約在 20 ～ 27 ℃間，當溫度高於 30 ℃或低於 10 ℃時，對番茄的發育都會造成負面影響。番茄喜歡長在透水性好的土質中，太濕的

土質並不適合番茄根部的發展。在考慮大自然生態與土質復育平衡的前提下，番茄很適合與稻米在同一塊田地中進行輪耕，因為彼此的蟲害與疾病不同，可以藉著輪耕的方式，適度杜絕上一批次的農害殘留，藉此降低農藥的使用，也因為相同的理由，同一田地中最好可以避免輪流栽種青椒、茄子和番茄等同屬茄科類的植物，以免屬於同一類別的病蟲害或農作物的致病病毒，在這片田地裡找到它們的天堂，因而定居了下來，世代繁衍，這就會讓農民為了急速殺死這些蟲害，噴灑農藥時下手更重，如果農藥的種類或濃度都更多、更高、更毒時，對消費者可就算不得是好消息了。

當番茄結果實時，溫度若能保持在 18 ～ 26 ℃之間，對果實的品質將會最有保障。台灣的番茄大多栽種在中南部各縣市，番茄果實的熟成快慢與溫度息息相關，夏天溫度偏高，大約在開花後 25 ～ 30 天就能成熟；若是冬天，則可能需要 45 ～ 50 天才能盼到果實成熟。

不同食用功能區隔的果實，採收時也會有不同的判斷標準。如果是用來生吃的大番茄，最好的採收期是在番茄果實頂端顏色由淡黃轉變成粉紅或紅色時，果實大約還有七成部位處於淡黃色，這時採收的果實，稍有硬度，較不會因為運送時的擠壓或碰撞，而誤傷了果實的飽滿。至於像聖女、四季紅、櫻桃番茄、雙喜、朱蜜等體型比較小的番茄，在果實約有三至六成已經轉成粉紅色時摘採最佳。至於加工用的番茄品種，就必須等到果實約有九成變紅熟成，才是最好的採收時機，如果完全熟成，可能會因為熟過了頭而變味，失去了果實原有的香甜，反而產生稍有酸敗的異味，如果用這樣的番茄來加工，對加工成品的品質與風味可都要大打折扣呢。

有趣的是，日本因為緯度較高，以及氣候的因素，本來是沒辦法栽種番茄的，但由於溫室栽培方法的問世和育種技術改良的成果，也讓日本可以開始栽種番茄，而且我們以前知道的番茄，都是中小型植株的番茄，現在因為栽培技術的改良，讓番茄植株的側芽也可以持續生長，所以如果你在日本發現比人高的「番茄樹」，可千萬不要大吃一驚喲！

◎選一顆好番茄

怎麼樣選出一顆好番茄？你可以簡單從外觀與色澤來判斷，一般來說，外觀飽滿、沒有任何裂痕或病蟲害的痕跡、色澤呈現均勻的紅色、輕壓果實時，會覺得有一點點硬度，以手掌感覺番茄重量時，越沈的表示果肉飽和度越高，果蒂部分緊緊的黏著在果實體上，呈現新鮮翠綠而不是脫水狀態，切開時果肉呈現結實且均勻的粉紅色，沒有空心的情況，就是品質比較好的番茄。相反的，如果已經出現裂痕，輕壓時覺得有點軟，都可能是過熟或品質不良的番茄，最好不要買，如果不幸買到了這樣的番茄，最好要趕快吃掉，否則很容易會變酸腐敗，而所產生的惡臭味道，恐怕會令人印象相當深刻呢。如果所買到的大型生食番茄並沒有完全熟成，外觀仍然呈現綠色偏黃時，最好存放在室溫下，將番茄均勻排好，不要互相擠壓或密封，靜置幾天後，只要顏色變紅，就可以立即食用或入菜，如果沒有辦法一次吃完，也要記得將已熟成的番茄放入冰箱冷藏，降低或是阻斷它繼續熟成的作

用，這樣才不會辜負了一顆好番茄。

番茄在栽種時，為了避免病蟲害，多少都會使用農藥，當買回番茄後，可用清水略為浸泡 10 ～ 15 分鐘，再用大量清水沖洗，應該就可以洗去大約九成的殘餘農藥，但必須注意的是，果皮比較薄的小型食用番茄若浸泡過久，可能會導致果皮綳裂，所以時間的拿捏得要注意；最好不要一次洗太多的小番茄，因為讓番茄彼此擠壓，徒然增加裂傷的機會，如果發現因為浸泡太久而裂傷的小番茄，最好趕快吃掉，以免果汁透過果皮的傷口溢出來，增加引發食物腐壞的機會。

科技解讀魔法——番茄一夕竄紅的秘密武器

番茄從名不見經傳到一路被饕客重視、成為桌上的佳餚，期間大約歷經了二百五十年（約從 1540 年至 1790 年），而從單純只是佳餚的調味尖兵到站上食品科技的舞臺，又大約過了兩百年的歲月（約從 1790 年～ 1990 年），就歷史的觀點來看，番茄還真的是黑羊變白羊的最佳實例。

◎維生素 A 先竄起

大約在二十世紀初期，科學家發現了第一種脂溶性維生素：維生素 A ，並且成功解決了當時的重要營養問題：夜盲症。其實，如果稍微回顧營養科學的發展史，就可以發現往往都

是由研究人員發現部分疾病與食物的關聯，再慢慢抽絲剝繭找出某種或某類食物中，到底含有什麼元素或成分，可以提供對身體的保護作用。維生素A雖然在一百年前就被鑑定出來，但歷經了百年研究的世代交替，它對於免疫系統、表皮黏膜組織的完整性、眼睛視覺功能的相關研究等等，仍一直占有舉足輕重的地位。

通常，剛開始單獨分離出一種新的營養素時，研究人員總會對它的人體運用程度、是否會造成身體的毒性反應等做一系列的探討。當時就發現，過多的維生素A可能會導致肝脾腫大等問題，因此得出一個結論：並非所有營養素都是吃得越多對身體越好。大約在1930年代，研究學者從植物體中分離出一種類胡蘿蔔素（Carotenoids）的化學物質，這種化學物質可以透過人體正常的肝臟細胞把它分解成維生素A，再提供身體運用，而當時研究學者推論，類胡蘿蔔素可以很安全的貯存在健康的肝細胞中，並且不會產生任何毒性。但如果從食物中攝取了過量的類胡蘿蔔素，可會讓手掌內側與腳底、眼睛眼白處，甚至臉色皮膚都呈現偏黃現象，這時，可能就該要稍微調整一下飲食的內容了。

◎類胡蘿蔔家族的崛起

經過研究人員的過濾，存在於植物體中的類胡蘿蔔家族，現今大約已經發現大自然中約存有六百種不同的類胡蘿蔔素，而大約只有六十種能夠轉換成維生素A，可以被稱作維生素A的「前趨物質（Provitamin A)」，例如β-胡蘿蔔素（β-carotene）、α-胡蘿蔔素（α-

carotene)、β-隱黃素(β-cryptoxanthin)等。當我們從食物中充分攝取這些化學物質後，可以貯存在肝臟裡，並透過體內精密的控制系統，得知哪裡需要維生素A，就由肝臟分解出維生素A，跟隨脂肪的運送途徑，把維生素A輸送到有需要的組織或器官中。這樣精密的調控機制，讓我們的身體可以自行協調所需要的供需平衡，也大大降低了直接從動物性食物中或營養補充品中攝取到過量維生素A的風險。

其實，無論在中國或歐美，自古都曾記載著夜盲症的症狀，東方和西方的醫療書籍都找得出讓夜盲症病患吃動物的肝臟，就可以將這些症狀克服改善的記載。其實說穿了，就是利用了儲存在動物肝臟中的維生素A。這些醫學歷史記錄就是用食物來治療病症的明顯見證，隨著科學技術的發展、科學儀器的進步，以及科學人才的傳承，在短短二十世紀的一百年間，我們已經陸續將食物中的各種重要營養素分析出來，並且找出到底是何方神聖可以對身體提供各種不同的直接或間接的幫助。

1930到1980年代的五十年間，科學家只單純把類胡蘿蔔家族定位在「可以轉化成維生素A」的角色。但到了1981年間，卻有了重大突破，有研究報告顯示，植物中的β-胡蘿蔔素可以對抗環境中的自由基，本身也可能具有防癌或抗癌的功能，不再只是提供身體所需要的維生素A而已。這樣急轉直下的劇情，可說為植物性營養素的研究開啟了新的里程碑，尤其1980年代，癌症的發生率與致死率都開始升高，抗癌或防癌的議題動人，讓擁有資源的科學家無不摩拳擦掌，想要進一步找出這些營養素在身體裡的作用機制。

接下來的十年間，科學家大致上已清楚β-胡蘿蔔素怎麼在身體

內吸收、運輸、利用，但對於重要的抗癌或防癌功效，卻一直沒有太大的突破，而接著一些花了六年、十年的長期飲食、生活型態和疾病關係的大型研究成果紛紛出爐，竟然都不約而同指出：單純補充β-胡蘿蔔素，並不能提供身體對抗癌細胞的保證，反而對吸煙者還會提高導致肺癌的風險。這些具有權威性的大型研究結果，讓β-胡蘿蔔素可以提供抗癌或防癌的預估價值深受動搖，鍍金的光芒頓時大減，也讓這十年間奉獻在β-胡蘿蔔素是否具有抗癌效果研究的學者頓時失去了平臺，而必須重新思考到底β-胡蘿蔔素能保護的細胞種類與對防癌的範疇究竟有哪些？另外，含有類胡蘿蔔家族的食物中，是不是還有其他重要的保護因素可以使抗癌與防癌效果更明確有效？

◎新世紀風暴

其實在1950年代末期，醫學界就已經發現類胡蘿蔔家族中有一個成員叫做「茄紅素（Lycopene）」，在細胞培養的過程中，似乎有一些能力抑制癌化細胞的發展，但這派理論在當時並沒有受到重視，其他實驗也沒有進一步證實與發展這方面的推論，一直到學者陸續從β-胡蘿蔔素的相關實驗中鎩羽而歸，才有研究人員把方向轉向一些不能在體內轉化成維生素A的類胡蘿蔔素，並且推論它們可能因為化學結構的特性，反而可以肩負一些對抗體內過氧化物與自由基的神聖使命。而相關的科學研究報告在1980年代陸續出爐，似乎也預告了「茄紅素」風潮即將引爆！

Chapter 2

解開精靈魔法的秘密

歷經了數百年的起伏，

人們看待番茄的觀點，

從陌生到畏懼，從試用到熱愛，

演變到近年，

番茄已經被專家推薦成為防癌蔬菜之一，

並列為新世紀的養生必備食材。

現在就從科學觀點

來解開精靈魔法的秘密吧！

新世紀養生舞臺上的主角——茄紅素

茄紅素是番茄中所含有最主要的類胡蘿蔔素，番茄可以呈現嬌豔欲滴的鮮紅色，正是因為茄紅素的關係。事實上，茄紅素 Lycopene 的命名就是從番茄的拉丁名稱 *Lycopersicon* 而來，所以番茄和茄紅素註定是脣齒相依的。顏色越鮮紅的番茄所含茄紅素濃度越高，所以聰明的你肯定不難了解像「黃金番茄」這種外觀呈現黃色的番茄品種，所含的茄紅素濃度一定是相對較低。同樣一顆番茄，在還沒有完全熟成、果實仍然呈現綠色或黃色時，也是茄紅素含量比較少的時候。

茄紅素這個天然色素，當然也會在其他有紅色果肉的水果中存在，例如清涼爽口的西瓜、酸甜多汁的紅肉葡萄柚、香軟順口的木瓜、還有紅肉番石榴等，都因為含有茄紅素，所以果肉呈現鮮紅或橘紅色。不過整體來說，在各種食物當中，番茄和番茄加工製品，仍是我們攝取茄紅素的主要食物來源。

類胡蘿蔔素家族在植物體內的基本功能，可以與特殊蛋白質結合，這些蛋白質可以收集光源、傳遞光的能量，進而由葉綠素進行一系列的光合作用，製造了植物體需要的酵素與植物株體的結構；也可以保護植物本身不因過度光照而受傷。所以，類胡蘿蔔素不僅提供了植物體的外觀色澤，對植物體本身也擔負了保護的作用。

番茄與番茄製品的茄紅素含量

食物（每 100 公克）	茄紅素含量（毫克）
新鮮番茄	3
不加鹽的番茄汁	9
罐裝番茄	10
番茄醬	17
義大利麵醬	30

◎茄紅素與自由基

茄紅素雖然是「類胡蘿蔔素」家族的一員，但並不能透過體內酵素系統的幫忙，分解成身體需要的維生素 A ，所以茄紅素並不能算是維生素家族的一員，而應該歸在「植物營養素（Phytochemicals）」的範疇。說到植物營養素的功能，也許不像傳統的維生素與礦物質可調節身體生理上的生化反應，但是卻有保護細胞的功能。值得注意的是，這些植物營養素都沒辦法從我們身體內自行合成，因此，就得透過適當的飲食來均衡補充。這也是近年來許多營養學者不斷呼籲、鼓勵大家都要吃蔬菜水果，而且強調每天必須至少攝取五種蔬果以上，尤其在顏色上也要盡量多元化，更必須至少有一種深綠色蔬菜的原因。

大自然中的所有基本元素是「原子」，當原子攜帶二個電子時能量最低，可以維持穩定的狀態；但如果只攜帶一個電子，就會想要趕快找到新的電子讓自己穩定下來，這就是我們所說的「自由基（Free Radicals）」。因為自由基無所忌憚的隨意攻擊遇到的細胞，釋放自己

原有的高能量，卻讓這個被攻擊的細胞處在高能量的不穩定狀態，於是也開始進行一系列的自我攻擊行動。曾有學者用很生動的比喻來解釋這種狀況：自由基就好比是盛裝打扮的帥哥或美女，一個人單槍匹馬參加舞會，因為條件很好，雖然沒有自備舞伴，卻可以在舞會中，很本能的「搶」了別人的舞伴，舞伴被搶走的人自然心裡不是味道，為了證明自己也很行，又去搶別人的舞伴，結果整個舞會就因為自由基這樣一個壞份子，搞得亂成一團，形成所謂的「連鎖反應」。近年來，有許多疾病與癌症，都被懷疑或已經證實就是與體內過剩的自由基息息相關。

所謂「一物剋一物」，人類雖然害怕自由基，卻可透過聰明而正確的飲食攝取，找到對身體具有保護作用的食物與營養素，類胡蘿蔔家族就是箇中翹楚。當類胡蘿蔔家族成員遇到自由基時，會直接利用本身的共軛雙鍵把自由基的高能量吸附過來，讓原本具殺傷力的自由基恢復成帶有兩個電子的平靜狀態，而此時自己處在高能量狀態下的類胡蘿蔔家族，還會把所攜帶的高能量傳遞給周圍的溶劑，讓自己立刻回復原來的穩定與完整，又開始進行下一波的細胞保衛戰，不會因為防衛了自由基而自我犧牲，這也是類胡蘿蔔家族很神奇的使命。

在所有類胡蘿蔔家族成員中，茄紅素對抗自由基的功效是家族中的冠軍，它的抗氧化能力甚至是β-胡蘿蔔素的二倍多，更是著名抗氧化營養素——維生素E的100倍，由此不難想像為何在這短短十年間，會有這麼多關於茄紅素的研究，而茄紅素也不負眾望，在預防與防治一些疾病上的臨床研究上，確實令人刮目相看。

◎茄紅素在人體內的吸收與代謝

茄紅素是脂溶性的化學物質，也就是說，它在身體裡的吸收或運送，都和飲食中的脂肪有著密不可分的關係。當我們從食物中攝取茄紅素進入小腸後，它會與膽汁中的膽鹽、脂肪酸形成「微粒體（Micelles）」，整個微粒體可以進入小腸黏膜細胞中，再透過乳糜微粒（Chylomicron）進入淋巴循環當中，然後開始在身體裡的旅程。

一個人是否健康，會影響到小腸對茄紅素的吸收，例如當體內的鐵和鋅濃度不足時，就會降低茄紅素的吸收比例；而負責製造膽汁的肝臟如果也有問題，也會直接影響到這些脂溶性營養素進入小腸黏膜細胞的機會；如果小腸內有寄生蟲，同樣也會干預小腸細胞對營養素的攝入。另外，體內的內分泌系統也同樣展現他們的影響力，當甲狀腺機能亢進時，血液中的茄紅素濃度會應聲而降。所以如果你想要借用茄紅素的神奇魔法來保護身體時，其實更應該要先好好檢視自己全身的生理狀況，才能讓茄紅素的預期魔法有效發威，而不會因為身體機能的其他問題，辜負了茄紅素的一身好武功。

番茄的營養

番茄除了茄紅素的光芒外，它本身的營養價值，在蔬果類食物當中，可一點也不落人後哦！一般比拳頭稍小的番茄，大約是100公克左右；而聖女等小型番茄，一顆大約有10公克左右，小的桃太郎約可以到20公克，相當飽實。從這些重量的訊息，再加上番茄的營養

素分析，就可以知道我們現在常吃的「黑柿子」番茄品種，一顆大約只提供了 26 大卡熱量，但生吃時所獲得的維生素 C ，大約已經可以達到成人每日營養建議需求量的三分之一，另外，它因為含鈉量低、含鉀量高，因此是非常健康的鹼性食品，對於高血壓的防治，只要搭配合宜，是相當有看頭的一種蔬菜。

每一顆比拳頭稍小的番茄，因為提供的醣類少（約只有 5 公克）、膳食纖維高（約有 1.2 公克），因此對於糖尿病患者及想要減重的消費者，都是一個不錯的食物選擇。但要提醒的是，許多人吃番茄時習慣沾梅子粉或加糖、添醬油等品嘗多重風味，藉以增加食用時的樂趣。切記！這些額外添加的調味，很可能都會抹煞番茄原有的黃金營養比例，一定要特別小心注意吃的數量和頻率的問題。

番茄也能提供其他植物性營養素，例如：酚類（Phenylpropanoids）、植物甾醇類（Phytosterols）、和類黃酮（Flavonoids）等，這些營養素都可以為身體提供不同的保護作用。番茄本身所含 β-胡蘿蔔素雖然很少，但它有另一種 γ-胡蘿蔔素，也可以在體內轉換成維生素 A ，因此，常吃番茄，可以達到對眼睛和黏膜組織的照顧。

◎是蔬菜還是水果？

現今來說，大型食用番茄比較常用來入菜，因此被認定是蔬菜類，其實從營養學來看，食物分類是以它本身所含的營養素內容來決定，每 100 公克蔬菜，大約可提供約 25 大卡的熱量，番茄可供應的熱量比較屬於這個範疇內，所以被歸在蔬菜類好像比較合理。

番茄的營養素分析

食物（每100公克）	番茄	番茄罐頭	番茄汁	聖女番茄	番茄醬
熱量（大卡）	26	34	21	35	113
水分（公克）	92.9	89.8	93.8	91.4	67.8
蛋白質（公克）	0.9	1.5	0.7	1.4	1.6
脂肪（公克）	0.2	0.1	0.2	1.3	0.1
醣類（公克）	5.5	7.7	4.4	5.4	26.7
膳食纖維（公克）	1.2	1.6	0.3	1.4	1.4
維生素A效力（RE）	84.2	366.5	100.1	716.7	31.3
維生素 B_1（毫克）	0.02	0.02	0.03	0.01	0.06
維生素 B_2（毫克）	0.02	0	0.01	0.04	0.06
菸鹼酸（毫克）	0.60	0.73	0.31	0.50	0.16
維生素 B_6（毫克）	0.06	0.03	0.06	0.04	0.22
維生素C（毫克）	21	20.7	5.6	67	15.2
鈉（毫克）	9	83	98	17	1116
鉀（毫克）	210	280	170	180	392
鈣（毫克）	10	21	9	17	11
鎂（毫克）	12	17	13	10	21
磷（毫克）	20	26	15	21	49
鐵（毫克）	0.3	1.5	1.0	0.6	0.8
鋅（毫克）	0.2	0.5	0.1	0.2	0.2

資料來源：台灣地區食品營養成分資料庫，行政院衛生署

至於小型番茄，像聖女番茄或小型桃太郎，因為小巧可愛，很方便人們一口一個，因此當作水果也不為過。一份水果可提供大約 60 大卡的熱量，如果一次吃 23 至 25 個聖女番茄，重量約是 175 公克，等於吃進 60 大卡熱量，這些份量的聖女番茄可提供 117 毫克左右的維生素 C ，以及 2.5 公克的膳食纖維，難怪許多愛美的小姐對聖女番茄總是無法抗拒，也希望可以讓自己更水噹噹一些。

◎該選加工品還是新鮮品？

番茄的茄紅素主要都藏在果皮組織中，大約占了七成左右，因此如何把茄紅素從果皮中釋出，就成了很關鍵的一道步驟。一般來說，加熱就能使茄紅素自由釋放出來，如果在加熱過程中，又適當添加了油脂，以茄紅素的脂溶性特質，更可以順勢融入這些油脂當中，順理成章隨著油脂進入體內的消化和吸收過程，讓茄紅素被身體運用到的程度錦上添花，更具效能。所以我們一般常吃的番茄炒蛋、番茄蛋花湯、義大利茄汁醬、茄汁牛肉……等各種風味的料理，都可以同時吃到美味與高量的茄紅素。通常我們在料理番茄時，一般也會稍微燉煮一下，這時候也就提供了茄紅素完整釋出的機會。

不過，這樣的加熱步驟，也會破壞番茄中原來含有的維生素 C ，而部分怕熱的維生素 B 群，多少也會被犧牲掉一些。所以，我們可能得要建立一個正確的概念：熟食番茄，可以吃到比較多的茄紅素；但如果生吃番茄，主要的攝取營養素就是維生素 C 和 B 群了。總是難以兩全其美，可是這也是在基本營養學教義上，希望民眾多方位攝取不同蔬果，藉此達到截長補短，並且透過多種蔬果的搭配，都可以輪流吃到各類植物的保護性營養素，達到真正捍衛健康的目的。

中西醫一起看番茄

傳統認知中，西方醫學講究事實與完整的科學證據，因此，營養學的實際始祖其實是師承西方醫學系統的，透過一連串對各種營養素的分析、一系列對不同族群的身體需求調查和研究、探討各種疾病與何種營養素的關聯，進而慢慢發展成現今營養學的全貌。

然而，遠在文藝復興時代，希臘醫師蓋倫（Galen）就曾經提出「體液平衡說」，體液之間的熱與冷、乾與濕的平衡，架構出身體的健康狀態，因此可以藉著攝取部分草藥或食物，再從所攝取食物的性質來調整身體的平衡狀態。這套體液平衡理論一直流行到十九世紀中期才漸漸式微。 1710 年代在英國也曾有植物學的書籍記載，番茄在一些氣候比較燥熱的國家是很合適的食物，因為番茄的濕冷可以有效降低身體的燥熱感覺，與蓋倫醫師的推論倒是有異曲同工之妙。

中醫則認為番茄「性微寒、味甘酸，入肝、胃、脾、腎經」，具有「生津止渴、健胃消食、清熱消暑、涼血平肝、補腎利尿、瀉火止血、降血壓」等功效。因此，番茄雖然在中國的使用歷史不長，但我們精明的老祖宗早就知道可以運用食物來適當調整身體的溫、熱、涼、寒等體質上的變化，由此達到一個比較健康、中庸的平衡狀態。

在中醫臨床的運用上，如果病人出現胃酸分泌不夠、沒有食欲、

整體食量降低到一段時間後，就可以考慮建議病患在飯後喝一杯番茄汁來補充胃酸的不足，提振食欲。而對於有高血壓症狀的人，每天吃2～3個大型番茄（約250公克左右），藉由番茄中的高鉀和低鈉，也可以適度的控制血壓，但必須注意的是，這時候吃番茄，可不能再沾梅子粉或添加醬油、醬油膏等各種高鈉的調味料，否則反而會為了吃番茄，而吃進去更多的鈉離子喔！

炎熱的夏季，如果不小心中暑，番茄「微寒」的食物屬性，就提供了很好的平衡效果。由於番茄是含水量很高的食物，大約有93%的水，因此炎炎夏日時多吃番茄，不僅提供了水分，也吃進去許多身體的保護營養素呢。

愛美女性多吃番茄也大有利處，許多女性都知道要攝取重要的膳食纖維讓排便順暢，不但可降低腸道疾病的風險，對肌膚也有很大的好處。番茄所含的膳食纖維很高（每100公克可以提供1.2公克的膳食纖維），又可以吃到豐富的維生素C，而女生最斤斤計較的熱量，卻又比一般水果低很多，因此女生會愛上番茄，一點都不難想像。

由於茄紅素具有抗氧化能力，因此近十年來西醫對茄紅素的研究在世界各大醫學期刊刊登出來的報導相當多，對於攝護腺癌、肺癌、大腸直腸癌、乳癌、子宮頸癌、口腔癌等，都出現了有利的證據，證明茄紅素與番茄製品可以幫人類對抗這些癌症。雖然也有部分研究結果效益並不那麼明顯，但目前也沒有甚麼證據顯示多吃番茄和番茄製品會對人體造成任何負面效應，唯一可能因為長期過量食用而造成「茄紅素血症」，也就是吃得太過量，已經遠超過身體所需要的量，就會讓皮膚有些泛黃，這種情況有點矯枉過正，不僅浪費，也沒有必要增加身體器官的負擔。因此，從西醫的證據理論來看，平常只要適時適量將番茄入菜，對身體提供適當的保護作用也就足夠了，並不需要把這個「魔法精靈」，拿來當成無所不能的神奇仙丹！至於要如何聰明的使用番茄，本書後續章節將提供各種餐點食譜，讓讀者可以小試身手，自己體會一下「魔法精靈」的各種面貌與風味。

秘密的盲點——番茄的使用禁忌

二百年前，美國人剛開始利用番茄入菜時，就擔心番茄的毒性，因此總要燉煮長達二到三個小時，以確保毒性去除。現在雖然聽來荒謬，但是，經科學方法證實，還沒熟的番茄因含有大量番茄鹼（Tomatine），本來就對身體不利，必須等到熟成，番茄內的番茄鹼濃度才會降低，所以只挑熟番茄吃，就不必擔心這個問題了。

番茄因為屬性「微寒」，所以體質偏涼的人應該要稍微考量使用時機。許多女性朋友因為比較少運動，飲食上若又有偏食傾向，體質可能都會稍微虛寒，這時就不適宜空腹吃番茄，但如果在飯後吃就沒有問題了。另一個方法是將番茄入菜，因為經過烹調處理後，食物的屬性都會改變，原本屬於寒涼性的食物，可以轉為平性或溫性，就比較不用擔心身體是否會承受不住。也可以考慮以食用的時機來調節生理的變化，一般在正午時間（AM11:00～PM1:00），可以讓身體搭配吃一些涼性的食物，對於消消正午的火氣會很有幫助，也可以輕鬆面對下午的工作壓力。而體質稍微虛寒的女性朋友，應該盡量避免在傍

晚後吃這些涼寒的食物，這樣才不用擔心在冬天夜裡，總是手腳冰冷、打著顫抖卻久久無法入眠。

百變精靈——番茄加工品和保健食品

加工用的番茄品種顏色都非常鮮紅，因此所含的茄紅素比例非常高，而且因為是在完全熟成採收後立即加工，可以說是在番茄所有營養元素都維持在最巔峰的濃度時進行加工處理，所以能夠被保留的營養元素也會最多。一般蔬果的加工，都會擔心因為加工過程中的物理或化學反應，降低了新鮮蔬果的營養素濃度，番茄倒是一個異類，因為茄紅素本來就儲存在鮮紅的番茄皮與果肉的組織中，適當的切割與加熱，反而更有利於茄紅素的釋出，讓加工品中的單位濃度比一般新鮮番茄更高。

目前市面上，各種搶搭茄紅素訴求的商品相當多，各式各樣的番茄汁、番茄醬、番茄糊、番茄罐頭等，還有因應茄紅素風潮而產生的茄紅素保健食品，琳瑯滿目，讓人看了眼花撩亂，無從選擇。基本上，選用這些加工品時，還是有下列幾個訣竅：

1. 詳細閱讀營養標示

如果自己心血來潮想要打一杯「純番茄汁」，你可能會有一些失望，因為單純只用番茄打汁，口感會稍微酸澀，也沒有想像中如包裝產品般的香甜可口，這是因為飲料商品為了強調口感，特別對甜度的

掌控下了功夫。許多人在選用飲料時，並不會仔細閱讀營養標示，也不會比較喝下的熱量到底有多少？通常都是以口味順不順口來考量。而一般的飲料，除了米漿、豆漿和牛奶外，如果每 100 毫升可以提供超過 30 大卡的熱量時，就已經算是「高熱量飲料」了，因此，最好還是在喝包裝飲料前，先算一算到底會喝下多少熱量？一定要搞清楚自己喝下去的究竟是熱量還是預期中的茄紅素？

另外，在喝市售番茄汁時，可能會覺得有「回甘」的口感。或許你以為番茄本來就有些甜味，因此番茄汁裡添加糖的份量並不會太高。其實，番茄汁在製備過程中，會經過大約 70 ～ 80 ℃的加熱，使茄紅素可以完全釋放出來，但是這類產品都會添加一些鹽分來抑制部分細菌的滋生，雖然製程中會以超高溫的方法殺菌，但也只是瞬間殺死大部分細菌，如果要讓細菌無法繼續繁衍，就必須有適度的鈉鹽存在，而為了讓消費者在飲用時感覺不到這些鈉鹽的存在，所添加的糖分就輕重有別了，這也是為什麼市售番茄汁容易有「回甘」、且熱量都不太低的主要原因。有些人因此在自己打番茄汁時，會添加一些梅子粉，讓番茄汁更甘醇，這當然無可厚非，但最好還是要注意梅子粉的來源和含鈉量，打好後也一定要盡早喝完，否則會很快產生漸層效果，使果汁整體的懸浮狀況變差，口感也變差了。

2. 挑選新鮮的產品

如果想從購買的蔬果汁當中攝取到如標示所列出的營養價值，最好選擇離出廠日期較近、較新鮮的產品，才比較能達到期望，尤其像維生素 C 這類容易受溫度與光線影響的營養素，出廠越久，濃度可能

越低，而茄紅素的穩定度就稍微好一些，整體而言，商品本身最好避免光線直射，也要注意儲存的溫度和環境，這些對產品可提供的有效營養素，都是最基本的保障。

3. 搭配餐次一起喝

茄紅素因為屬於脂溶性，無論在體內的吸收與消化代謝，都必須和脂肪同進退，因此，如果希望喝進去的番茄汁能達到最有效的吸收，最好的方式就是搭配含有脂肪的食物一起吃，例如各種肉、魚，或是以油炒的各種青菜。最簡便的方法，可以在午餐搭配一瓶熱量與含鈉量稍低的番茄汁，一方面可以幫助消化，同時也補充了一般盒餐內菜和肉比例的偏差，還可以好好的吸收番茄汁中的茄紅素呢。

另外，市面上也陸續出現以茄紅素為主要成分的保健食品，雖然多篇研究報導都證實了由番茄中純化出來的茄紅素與合成的茄紅素經由人體食用吸收後，血清中的茄紅素濃度都很類似，但是，番茄和番茄製品對身體的保護，並不是只有茄紅素一個物質而已，主要還是應該由番茄整體的效果所達成，因此，現階段很難評斷單獨攝取茄紅素製劑是不是就可以提供對身體某種程度的保障，如果真想攝取茄紅素製劑，最好還是先請教醫師或營養師等專家，先評估它的預期功效和合宜度。

叫我第一名——基因番茄

在近百年番茄融入人類的生活飲食中，一直有個令人困擾的問

題：它的果皮太薄了，採收與運送時，都很容易因為碰撞而誤傷了番茄，尤其完全熟成才可採收的加工番茄，往往誤傷後會影響到加工產品的風味，大大降低了產品的經濟效益，因此，1990年代開始進行的基因改造生物（Genetically Modified Organisms, GMOs），番茄就是其中一個研究主角，為了使番茄可以延後成熟和軟化，把特定基因轉殖進番茄，轉殖成功的新品種番茄，採收時質地堅硬，經過運送到加工廠時，才剛好熟成，就可以解決運送時的損傷問題了。這個新品種番茄在1994年以全世界第一個申請獲准上市的基因食品亮相，雖然現今已經停止商業生產，但它所代表食品工業革命的歷史價值地位，可是永遠無法抹滅的。

目前基因番茄的走向，大致上是朝著番茄植株的抗病性，以及增加番茄加工的經濟效益進行，例如位於台灣南部的亞洲蔬菜中心，不僅對番茄的育種發展出多達數千種的品種，也成功以基因轉殖開發出抗黑葉病（Gray Leaf Spot Diseases）品種的番茄，讓這種使番茄植株損傷率極高的疾病，可以獲得有效的控制；另外，部分的基因轉殖番茄不容易腐爛，同時也使番茄所含有的果膠比例增高，相對減少了加工時的殘渣，因而大大降低了加工的材料成本，也是目前已經商品化的基因轉殖食品。

雖然基因轉殖食品在目前食品界與生態界的功與過，還沒有足夠的歷史證據可以評斷，因為畢竟才發展了15年左右，而各國也都傾向於適當的約束廠商，盡到標示內容物來源的義務和責任。消費者本身最好還是養成聰明閱讀產品包裝的習慣，憑自己平常閱讀相關報導的累積功力和自由心證來決定，到底要為五臟廟進補一些什麼才好。

Chapter 3

魔法百寶箱

番茄對人體的保護功能，

一直不斷被營養生化學者探討研究著，

尤其國人最聞之色變的癌症，

更陸續出現許多文獻報導

證實了對部分癌症的明確功效。

到底以現階段的資料，

人們可以得到哪些養生訊息？

讓我們一起來打開魔法百寶箱，

一探個究竟吧！

番茄紅了，病痛遠了

在一切講求科學證據的年代，聰明的現代人懂得如何從媒體得知健康資訊，也從這些資訊中獵取維護身體健康的建議。從各種研究資料來看，至今還不能斷言番茄或番茄製品是否可以提供百分之百的身體保護功能，主要的原因在於人體實驗本來就不容易完全掌控環境因素，而每個實驗的設計與執行也都不盡相同，因此還是有可以討論的空間，以及求證上的問題存在。不過，若只從現階段的研究成果來推論，番茄和番茄製品對某些疾病的防治確實具有正面評價，這是不容置疑的。這個章節，將與讀者分享近年來關於番茄和茄紅素的部分研究報導。

◎茄紅素與攝護腺癌

由於醫學的發展，人類可以將原本致死率高的傳染病做有效的控制，將人的存活年齡延長，相對的也使老人才會有的疾病，慢慢浮出檯面，成為新世紀需要重視的問題。攝護腺癌就是其中之一。在美國，每年所診斷出來的攝護腺癌病患持續增高，雖然亞洲人的攝護腺癌發生率並沒有像美國的統計資料一般高，但也出現了年年增高的趨勢，以台灣為例， 2002 年的癌症死亡原因中，男性的第七順位就是攝護腺癌，因此，找出環境或飲食因素與攝護腺癌發生率的關聯性，是近年來很受重視的範疇，部分生活環境因素與飲食型態的改變，都被懷疑與攝護腺癌的發生率有關。

初期的攝護腺癌並不會出現自覺症狀，因此一般民眾很難自我檢視而提早就醫，但是當腫瘤組織增長到可以侵犯尿道，或是壓迫尿道和膀胱頸時，病患就會出現下泌尿道阻塞的症狀，有時還會出現血尿與尿失禁症狀，而這時候的腫瘤組織多半已經有一定程度的大小，可能要擔心癌細胞是否會出現轉移的情況。

美國泌尿科醫學會與美國癌症學會都建議 50 歲以上的男性，每年必須接受例行性的肛門指診（Digital Rectal Examination，簡稱 DRE）與攝護腺特定抗原檢查（Prostate Specific Antigen，簡稱 PSA）。對於在家族中曾經有攝護腺癌病患的人，更建議最好可以從 45 歲起就開始例行性的檢查，如果兩項檢查中的任一項有出現異常，泌尿科醫師都會與病人做進一步的溝通，並且建議進行直腸超音波引導切片檢查，以確認組織是否已經出現了異常變化。

攝護腺特定抗原檢查（PSA）雖然是目前篩選的重要考量，但在某些情況下並不合適採用來作為診斷依據，例如當病患出現膀胱發炎、攝護腺發炎、攝護腺肥大，或使用導尿管時，都會使 PSA 的偵測值升高。因此需要專科醫師進一步的診斷，才可以清楚的確認問題。無論如何，找一個信譽佳、服務親切，也願意詳細說明最保險處理方式和步驟的醫生，和自己討論應該做的方向，對病症的控制將最有保障，也可以同時免除心中的眾多疑慮。

在 1999 年，由美國芝加哥西北大學研究人員 Gann 和同事發表在

《Cancer Research》的報告中，提出飲食中的番茄和番茄製品可能具有降低攝護腺癌危險性的功能，為茄紅素的防癌效用提出了正面的肯定效果。（註 1）同年，哈佛醫學院 Giovannucci 博士也在著名醫學雜誌《國際癌症協會期刊（Journal of the National Cancer Institute）》中發表了研究報告，整理了 73 篇有關攝護腺癌與茄紅素的回顧討論，指出 35 篇研究結論都支持番茄或番茄製品可以有效降低罹患攝護腺癌的風險，且攝取較多量的番茄或番茄製品，所罹癌的風險約只有攝取較少量番茄或番茄製品的六成左右。（註 2）而 Giovannucci 博士後續在 2002 年間，更彙整了 37 篇有關番茄、茄紅素和攝護腺癌的研究文獻，在所收集的報告中，有 5 篇文獻結果說明了攝取大量番茄或茄紅素可以降低 30 ～ 40% 的罹癌風險，有另外 3 篇文獻偏向支援這個結果，但實驗結果在統計學上的意義並不明確；而有 7 篇文獻所提供的數據，則是傾向是否要食用番茄？或者是否會罹患癌症？與前述的結果似乎找不出關聯性。（註 3）

其實，在 2002 年 3 月間，Giovannucci 博士和同事在《Journal of the National Cancer Institute》曾發表了一篇為期長達 12 年的飲食追蹤與攝護腺癌發生率的大型研究報告，從 47,365 名受測者中，發現了 2,481 名攝護腺癌患者，並且分析所有受測者飲食中的茄紅素含量，他們推論，飲食中富含茄紅素可能可以對攝護腺癌產生一定程度的防治作用，但究竟是如何防治的，則還沒有找出確實的作用機制。（註 4）

有些實驗室先以培養細胞來進行這類推論，例如加拿大多倫多大學的 Kim 博士，在 2002 年冬天發表在《Journal of Medicinal Food》期刊上的報告，就發現茄紅素可以有效抑止攝護腺癌細胞株的生長，並隨著茄紅素劑量的增高，抑制癌細胞的功效更好。因此推論，可能是茄紅素所提供的抗氧化能力能有效抑制攝護腺癌細胞的繁衍。（註5）

茄紅素身為類胡蘿蔔家族的一員，不免讓部分研究人員想要探討，到底是整體的類胡蘿蔔家族可以提供比較好的抗氧化能力，還是只有家族中的特定成員有這種特異功能，可以讓攝護腺癌細胞受到圍堵？美國華盛頓州 Fred Hutchinson 癌症研究中心的 Kristal 博士在 2004 年 2 月於《Journal of Urology》發表的回顧論文，彙整了相關的研究結果，他指出維生素 A 並不具有攝護腺癌的防治作用，除了茄紅素以外的類胡蘿蔔素，也沒有證據顯示有任何助益，而茄紅素在一些流行病學的調查報告中，正反面的結果都有出現過，雖然這種不一致性的結果應該是因為實驗設計所造成，但是，學界也的確需要有更多的實驗證據，來釐清茄紅素在遏止癌細胞發展上到底扮演了何種角色？（註6）

整體而言，科學家對於攝護腺癌和茄紅素的功效，仍會有一段時日需要更好的實驗設計、更完整的資料收集，才可以找出較合理而正確的關聯性，現階段雖然正反意見都有，但消費者不可忽略的是，身體的癌細胞發展絕對不會只由某一種因素主導，大多數都是一連串的環節環環相扣所誘發的，因此，讓自己遠離致癌的各種風險，多吃一些有益的蔬果，至少是最簡單而有效的自保方法。

◎茄紅素與結腸直腸癌

如果要說哪一種癌症與飲食因素絕對息息相關，結腸直腸癌一定可以高票當選，歷來的研究都指向偏食會直接提高結腸直腸癌的發生機會。隨著西方飲食引發的風潮，許多人的飲食習慣與內容都轉型成高油脂、高蛋白質，相對的蔬果類的攝取量明顯不夠，結果就容易導致身體喪失掉從蔬果中獲得有保護細胞作用的營養素的機會。結腸直腸癌目前已高居國人癌症致死原因的第三位，所以我們一定要更有自覺，好好從飲食與生活型態中找出保護自我的方法。

美國猶他大學的研究人員 Murtaugh 博士，於 2004 年 1 月在《American Journal of Epidemiology》所發表的研究報告中指出，維生素 E 與茄紅素可以降低女性直腸癌的危險性，他們比較了 952 名直腸癌患者，與 1,205 名正常人的飲食記錄、醫療史及生活型態因素，實驗資料收集時間長達 4 年 6 個月（1997 年 9 月～ 2004 年 2 月）。他們由不同的抗氧化營養素攝取量來分析致癌的風險，實驗結果是：男性攝取抗氧化營養素的多寡，與直腸癌的罹患情形並無關聯；而飲食中的維生素 E 和茄紅素，則似乎提供了女性對抗罹患直腸癌的保護因素。至於到底是兩種營養素的直接功能呢？還是提供這兩種營養素的食物所直接發揮的保護力？我們還要等待其他實驗可以提供更直接的證據。（註 7）

德國研究學者 Muhlhofer 於 2003 年 2 月，在《Clinical Nutrition》

發表一份研究報告，把大腸直腸癌患者的腫瘤組織與正常人的組織檢體中所含類胡蘿蔔素的濃度作一分析比較。從 7 位罹癌的病患中，採集癌細胞組織和未感染組織的檢體，再從 5 位正常受測者的結腸中採集檢體組織，分析的結果發現，類胡蘿蔔素的濃度在正常檢體中最高，其次為罹癌患者的未感染檢體，最後才是腫瘤病灶處，因此作者推論，從大腸直腸檢體中的類胡蘿蔔素濃度的高低，可以作為一個生物檢驗標記，預測大腸直腸癌的發生率。另外，因為腸道黏膜中的類胡蘿蔔素濃度降低，因此類胡蘿蔔素原本可以提供的黏膜保護作用因而不夠，可能也是導致容易罹癌的因素之一。在這個實驗中，茄紅素是所分析的類胡蘿蔔家族中的一員。（註 8）

來自德國的另一組研究人員 Erhardt 和同僚，於 2003 年 12 月也有相關的研究成果發表在《American Journal of Clinical Nutrition》科學期刊中。 Erhardt 和同僚的實驗設計是以大腸鏡檢查後，過濾出 73 名出現良性腺瘤的病患、 63 名沒有任何息肉的受測者，以及 29 名已經有息肉增生出現的受測者，記錄三組受測者的體位、熱量、脂肪、蛋白質、纖維、類胡蘿蔔素，以及酒精的攝取狀況，有良性腺瘤的病患大致上的實驗資料都與 63 名沒有任何息肉的控制組受測者相仿，唯一不同的是年紀稍長。而血液的分析結果顯示，罹患腺瘤的病患血液中的茄紅素濃度明顯低於控制組的受測者達 35%，因此 Erhardt 推論，多攝取富含茄紅素的番茄與番茄製品，對大腸直腸的腺瘤，將可提供一定程度的預防作用。（註 9）

另外，還有一些研究結果都偏向於，如果只單純攝取實驗所準備

的高劑量單一類胡蘿蔔素，或是數種類胡蘿蔔素，對大腸直腸癌的保護作用似乎找不到有利的關聯影響，反而如果由富含類胡蘿蔔素的蔬果供應，實驗結果往往對預防大腸直腸癌的發生有正向關聯，這樣的結論，都將會影響消費者對食物與營養補充品的選擇判斷，而最簡單的方式，只有一句話：還是從正常飲食中多多攝取各種蔬果吧！

◎茄紅素與肝癌

肝癌雖然高居台灣人癌症致死的首位，但國際上近年來對肝癌與茄紅素的相關研究並不多。1997 年法國國家農業研究所毒物營養學中心研究員 Astorg 發表在《Nutrition and Cancer》論文期刊中的報導，曾經提到茄紅素對肝癌細胞的抑制作用，他們利用 Diethylnitrosamine 誘發老鼠的肝癌發生，再餵以茄紅素，並觀察老鼠的肝癌細胞發展，實驗結果發現，餵茄紅素的老鼠可以有效降低肝癌細胞的病灶（疾病在身體組織中所潛伏的部位）大小，但對於肝癌細胞的數目並沒有影響。從他們所進行的酵素活性分析結果，也認為茄紅素在這個限制病灶大小的作用機制上，可能並不是一般人原來認為的抗氧化功能，而是透過調節肝臟解毒酵素的功能來達成的。（註 10）

肝病一直都是台灣致力克服的衛生議題，相關的研究也陸續在進行中，尤其各類蔬果中的保護因素是否擔任了某種程度的預防與保護

功能，都有賴學者專家的持續研究。在進一步研究成果尚未出爐前，至少我們知道各種新鮮的蔬果都是可以提供肝臟進行生化功能的原料，而各類過度加工的食物，反而會讓肝臟負擔過多解毒的功能，增加肝細胞的工作量。

◎茄紅素與肺癌

肺癌高居國人癌症死亡原因的第二名，女性罹患肺癌的原因，有部分研究顯示可能是烹調食物的油煙、長期吸進二手菸，以及高脂肪的飲食習慣所造成；至於男性罹患肺癌的主要原因，大多數仍是由於吸菸的緣故。關於類胡蘿蔔素與肺癌的相關研究，已經有許多年的歷史，初期研究人員因為知道類胡蘿蔔家族的抗氧化能力，因此推論可以藉其抵抗從肺泡細胞吸入的各種自由基，但是當時的部分實驗都只著重在單一營養素，例如β-胡蘿蔔素，而在大型調查實驗結果陸續發表後，對於β-胡蘿蔔素的推論似乎是有些錯估了，現階段大部分的實驗室為了不要再錯估與誤判，都將目前已經知道具有抗氧化功能的類胡蘿蔔家族成員一起接受測試。例如耶魯大學醫學院的 Holick 和同僚，於 2002 年 9 月在《American Journal of Epidemiology》中所發表的期刊論文，就是一個大型追蹤實驗，他們從 1985 年至 1993 年，在芬蘭西南部共收集了 27,084 名年齡介於 50 至 69 歲的男性，對受測者的健康追蹤長達 14 年，其中共有 1,644 位受測者不幸發展成肺癌，透過完整的飲食記錄，他們分析出飲食中多種類胡蘿蔔素的含量，也透過血液中的幾種類胡蘿蔔素（茄紅素、黃體素 Lutein 、玉米黃素 Zeaxanthin 、隱黃素β-cryptoxanthin 等）的濃度，去分析瞭解罹患肺

癌病患與正常受測者間的異同，結果發現，平常飲食中有大量攝取蔬果的受測者，他們罹患肺癌的比例大大降低，而且攝取大量番茄與番茄製品的受測者，罹患肺癌的風險也降低了。（註 11）

哈佛大學公共衛生學院營養與流行病學系（Department of Nutrition and Epidemiology）的 Michaud 和同事，也曾於 2000 年 10 月在《American Journal of Clinical Nutrition》發表類似這樣的正面評價，論文中發表了兩項大型追蹤實驗，在 10 年間，收集了 46,924 名男性受測者的資料，其中有 275 位不幸發展成肺癌；而在 12 年間，也收集了 77,283 名女性受測者的資料，其中有 519 名不幸發展成肺癌，透過完整的食物攝取頻率問卷，瞭解受測者的飲食狀況，所得結果大致相同，也就是大量攝取含有 α-胡蘿蔔素和茄紅素等蔬果的受測者，大大降低了罹患肺癌的風險。（註 12）

這樣的大型追蹤實驗，大多都以西方人為實驗追蹤樣本，很少有東方人的相關研究，有鑑於此，美國南加大的癌症防治中心與醫學院共同合作一項實驗計畫，就選擇在新加坡展開，想實際了解東方體質在肺癌發展與類胡蘿蔔家族的關聯性，他們於 2003 年 9 月發表在《Cancer Epidemiology, Biomarkers and Prevention》中的論文中提到，整個實驗從 1993 年 4 月到 1998 年 12 月，他們收集了 63,257 名華裔男性和女性受測者的基本飲食與生活型態資料，也透過食物分析軟體計算

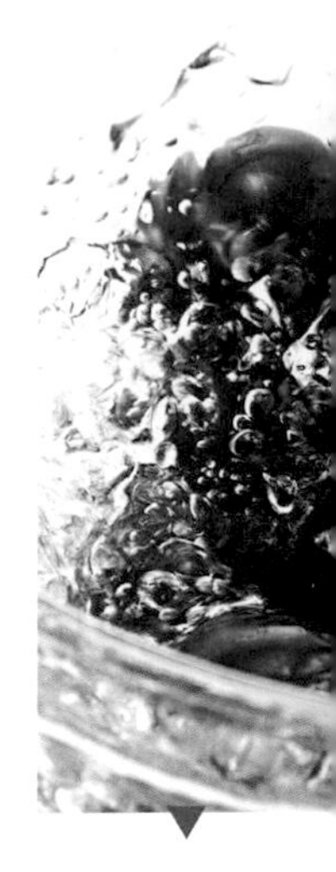

出飲食中所含有的α-胡蘿蔔素、β-胡蘿蔔素、β-隱黃素、茄紅素、黃體素、玉米黃素、維生素A、C、E與葉酸的含量，在開始追蹤的8年間，已經有482名受測者不幸罹患肺癌，研究資料並分析，飲食中若含有高量的隱黃素似乎可以降低肺癌發生的風險，其他所測到的營養素，除了維生素C會降低抽煙族群的肺癌發生率外，似乎還找不出具體的關聯性。雖然如此，整體而言，多攝取各種蔬果似乎仍是現階段的最佳建議，因為以人為主體的實驗設計，會影響的因素太多，目前的實驗只能盡量收集各種因素，再一一分類，並分析相互間的影響關係。（註13）

◎茄紅素與女性乳癌

乳癌是女性國人癌症死亡原因中的第四位，在部分實驗證據中，已經知道與高油脂的飲食型態有直接關聯。近年來，有多篇關於茄紅素與乳癌相關實驗的報告，這些醫學相關文獻，都有助於醫學界釐清茄紅素對女性乳癌的防治功效，到底扮演了何種重要角色。

以色列研究學者Karas於2000年發表在《Nutrition and Cancer》中的論文報告中，就以乳癌細胞的研究證實了茄紅素的功效。從其他研究中得知，胰島素樣生長激素I（Insulin-like Growth Factor I）在體內的濃度升高與否，可作為判斷乳癌變化的指標，而他們的實驗結果，說明了茄紅素對乳癌培養細胞的抑制，並不是透過茄紅素的抗氧化能力，而是有效影響乳癌細胞的分裂過程，以及胰島素樣生長激素I接受體的訊息傳導。像這種很強的專一性效果，是否暗示茄紅素有

更獨特的抗癌細胞效用，可能還有必要進一步探討。（註 14）

英國研究學者 McMillan 和同事於 2002 年 4 月發表在《Clinical Nutrition》期刊的論文中，曾試著找出體內 C 反應蛋白質（C-reactive Protein）與各種抗氧化營養素濃度的關聯性。從之前的研究報告已經知道，在癌症病患中，體內的 C 反應蛋白質濃度會普遍升高，將接受測試的 15 名乳癌病患、 15 名攝護腺癌病患、 11 名大腸直腸癌病患與 30 名正常的受測者相比，癌症病患的 C 反應蛋白質都比正常人高，而包含茄紅素在內的抗氧化營養素，則剛好相反，正常受測者的茄紅素濃度比癌症病患高。這似乎又提供了一項間接證據，包含茄紅素在內的抗氧化營養素可能對於這些癌症具有一定程度的防治保護作用。（註 15）

瑞典的 Hulten 和同僚於 2001 年 8 月發表在《Cancer Causes and Control》期刊中的報告也顯示出，茄紅素對於停經後婦女的乳癌防治，似乎提供了一定程度的保護。他們分析了 201 名乳癌患者與 290 名正常女性的血液，雖然實驗結果找不出血液中類胡蘿蔔素的濃度，對降低乳癌發生率的危險有具體關聯，但是卻在停經婦女的乳癌病患中，發現茄紅素的濃度明顯降低，因此推論茄紅素應該可以減少罹患乳癌的風險，這當中的作用機制將與是否停經有密不可分的關係。（註 16）

美國國家癌症中心的 Dorgan 與同事在 1998 年 1 月間，就曾於《Cancer Causes and Control》期刊中發表研究報告，他們以血清中的抗氧化營養素濃度與乳癌發生的可能性作為實驗議題，進行為期長達

9 年 6 個月的追蹤實驗，實驗結果也推論出在 105 名不幸罹患乳癌的女性中，身體如果持續維持較高濃度的茄紅素，對防治乳癌會有一定程度的效果。（註 17）

一般而言，女性攝取蔬果的分量都較多，而乳癌的發生率和荷爾蒙、脂肪攝取量、遺傳等因素似乎都有關聯，到底飲食因素可以在不同人種與不同飲食文化中，扮演何種程度的誘發或保護作用？相信在可見的未來，醫學界研究人員就可以給大眾一些更直接有效的證據，也方便一般人進行自我的健康管理。

◎茄紅素與子宮頸癌

人類乳突病毒已經被確認是導致子宮頸癌的重要致病因素，但學者普遍懷疑若只單獨感染乳突病毒，並不足以誘發子宮頸癌，應該是有一些其他因素相互影響的結果，例如飲食中的保護性蔬果如果攝取不足，勢必會增高誘發癌症的容易度。美國亞利桑那癌症中心的 Sedjo 和其同事，於 2002 年 9 月在《Cancer Epidemiology, Biomarkers and Prevention》中所發表的論文，就是想找出當中的關聯性，他們的研究成果提到，日常飲食吃比較多蔬果的人，對人類乳突病毒感染的風險可以有效降低 54%，而在受測婦女當中，血清裡茄紅素濃度最高的族群，比血清濃度

最低的族群，對人類乳突病毒的感染風險也降低了56%。因此可以推測，維持血液中的高茄紅素濃度，對於人類乳突病毒的感染，應該可以產生一定的防治作用。（註18）

日本學者Nagata也在1999年發表了相關的研究報告，他們以日本女性為研究對象，一共採集了156名女性的血液來偵測血清視網醇、α-胡蘿蔔素、β-胡蘿蔔素、玉米黃素、黃體素、隱黃素、茄紅素及α-生育醇的濃度，也採集了子宮頸抹片，以確認是否感染了人類乳突病毒，研究結果發現α-胡蘿蔔素可以在病患有效控制人類乳突病毒感染和吸煙狀況後，明顯降低罹患子宮頸癌的風險。測試婦女當中，血清裡含有較高量茄紅素的人，也剛剛好在統計學上顯示出可以有效降低罹患子宮頸癌的風險。所以整體來看，戒煙與飲食中的蔬果比例，都會影響女性對抗子宮頸癌的生理功能。（註19）

◎茄紅素與口腔癌

台灣的癌症死亡原因中，口腔癌位居男性第五位，以色列的研究學者Livny和同僚的實驗，以KB-1人類口腔癌細胞作為研究對象，結果發現，茄紅素能有效抑制KB-1人類口腔癌細胞的繁殖，而且抑制的功能和劑量高低成正比，雖然與β-胡蘿蔔素比起來，茄紅素需要較久的時間與較高的濃度才能被口腔癌細胞吸收，但對於癌細胞間的訊息傳導，卻能產生一定程度的影響。如果把這樣的研究成果用於人體實驗，不難想像未來茄紅素應該可以發展成特殊防治口腔癌的製劑 。（註20）

在日本，也有飲食與口腔癌的調查實驗，可以證實茄紅素的功能。 Nagao和同事於2000年9月所發表的文獻，就是從9,536名受測者中過濾出不幸罹患口腔癌的38名男性與10名女性，每一名患者都會搭配4名未罹癌的正常人為控制組，將他們的資料一同比較，在分析空腹血清中的視網醇、α-生育醇、玉米黃素、黃體素、隱黃素、茄紅素，以及α-與β-胡蘿蔔素後，發現男性口腔癌病患血清中的茄紅素與β-胡蘿蔔素含量，明顯比沒有罹患癌症的受測者來得低，但是女性口腔癌患者卻沒有出現任何差異。因此推論，血液中高濃度的茄紅素與β-胡蘿蔔素含量，似乎可以提供男性口腔癌患者一定程度的防治效果。（註21）

◎科學文獻的解讀與應用

類似這樣的科學文獻，對一般人來說，恐怕有些艱澀難懂，實驗設計的背後常常有很宏觀的意義，但也常因為礙於器材、樣品（細胞或受測者）、實驗環境、資料收集的完整性、分析資料的角度……等因素，會導致出乎原實驗設計者意料之外的結果，但是，這就是科學實驗的精神與價值：「看著證據說話」。不論實驗結果是預期中的正面或負面，其實都提供了研究專家對不同假說的證據，也有利於下一步驟的判斷與發展。消費者看待這些科學文獻訊息時，最重要的是千

萬不可以斷章取義，否則就會陷入資訊氾濫的泥沼中，讓自己更加不知如何自處。比較好的方法是，多看看具有權威性的雜誌報導，正確性較高，也可以參考官方網站，都會提供一般民眾健康管理的正確消息。在這裡強調的正確性，至少是大多數實驗結果累積出來的結論，具有一定公信力，對一般民眾也是一種保障。

在傳播媒體很發達的時代，訊息的傳遞非常快速，但是完成實驗的時間卻是漫長的，尤其一些大型的實驗計畫，往往得耗費十年以上，而所完成的結果卻仍然只是建議的性質。有一些事情，就得讓時間去證實，用歷代的經驗傳承寫下歷史，也創造歷史，好比四百六十年前人們對番茄心存畏懼，古人一定很難想像現在竟然有這麼多研究人員埋首想找出番茄到底對人類有什麼好處，這就是一個很有趣的實例。而這樣的例子，從歷史的觀點來看，就可以知道人類科學研究的發展，是一件多麼嘔心瀝血的歷代傳承使命。

番茄紅了，讓茄紅素也紅了！到目前為止的研究文獻中，茄紅素對於身體的保健功效仍是褒多於貶的，也沒有任何文獻出現負面作用的報導，絕大多數研究學者依照他們的研究成果，也都提出建言：好好享受番茄和多種蔬果，就可以好好享有健康了。

番茄的前世與今生

番茄與茄紅素的各種研究證據出爐，陸續證實它對人體的保護作用，這個集美麗與恩寵於一身的蔬菜，也榮登2002年《時代》（Time）雜誌票選的十大健康風雲食物之一，顯示可以讓人們保有健康的食物，可以是既美麗又可口的。

而科學家下一步會怎麼看待番茄呢？

除了更具體找出番茄與茄紅素對人體的其他好處，也想找出到底在細胞內，茄紅素是如何有效達到保護作用的。另外，因為番茄的消費接受度相當高，部分科學家也想透過基因轉殖技術，將特定的病毒表面抗原轉殖到番茄當中，讓人們只要輕鬆吃下美味可口的番茄，就可以讓身體產生抗體，對抗特定病毒。這在20年前，可能只會在電影情節中出現，如今，隨著科技演變，卻是真有可能實現的，現階段已經有部分研究室考慮將嬰幼兒傳染性相當高的腸病毒等病毒表面抗原，做這樣的發展實驗，如果克服了安全度與穩定度的相關技術，番茄是否又將在醫學界與食品科技界多冠上一個第一名的頭銜，值得消費者拭目以待。

科技幫助人們解開番茄數百年來的疑慮，又在二十一世紀初幫番茄畫下新的遠景，一顆番茄，悠遊在古今之中，這個美麗的精靈，在後續還可以提供人們什麼樣的驚奇，實在有待人們慢慢品味。

番茄榮獲本世紀當
除了吃的有效，對
富含茄紅素、維生
如今已開始在保養
且已幾乎榮登美容

番茄榮獲本世紀當紅人氣食品，

除了吃的有效，對美容的功效也不遑多讓。

富含茄紅素、維生素Ｃ、維生素Ｅ的番茄，

如今已開始在保養品的春秋戰國時代攻城掠地

且已幾乎榮登美容教主的寶座！

品，
效也不遑多讓。
生素E的番茄，
戰國時代攻城掠地
座！

Chapter 4

番茄與美容——美麗不再是難題

番茄榮獲本世紀當紅人氣食品，

除了吃的有效，對美容的功效也不遑多讓。

富含茄紅素、維生素C、維生素E的番茄，

如今已開始在保養品的春秋戰國時代攻城掠地，

且已幾乎榮登美容教主的寶座！

認識番茄的美容療效

這年頭，審美標準是以擁有白皙的肌膚為最高指導原則，全天下男人女人都一樣愛美，任誰也不想沒去過塞班（島），就先得「曬斑」。愛美的人，臉上可是容不下一點點斑的，也沒人喜歡讓皺紋這歲月的痕跡恣意在臉上出現，我相信只要你是愛美一族，肯定各種吃的、抹的、擦的、用的產品，你早就已經迫不及待做過「人體實驗」了。

榮獲本世紀當紅人氣食品的番茄，除了吃的有效之外，對於美容的功效當然也不遑多讓。含有豐富茄紅素、維生素 C 與 E 的番茄，在現今保養品的春秋戰國時代，已經開始攻城掠地，甚至幾乎已榮登美容教主的寶座。

關於番茄在美容養顏上的功效與使用範圍，你可能已經聽了很多，也可能很少接觸到，這裡要特別為愛美一族提供最最自然的 DIY 面膜配方與護膚保養品。誰說美麗一定要花大筆鈔票付「學費」呢？但不變的真理是你一定要有恆心與耐心，天底下沒有什麼速成的事可以維持長久，美白絕不會「一天就可以白回來！」專家也說，真正有效果的美白，至少須經過二十八天的調理。畢竟羅馬不是一天造成的，所以美白也不可能一蹴可及！

經過一陣子的沉寂與銷聲匿跡，番茄在最近幾年又躍升躋身人氣食品流行排行榜，人氣指數居高不下，近來更有名人極力宣揚番茄的瘦身與美白功效，一時間，番茄的身價水漲船高，簡直已到了「不吃番茄就落伍」的地步。歐洲人說：「天天吃番茄，不必求醫生」，足見番茄真是中外皆愛！

細究番茄令人喜愛的原因，不外乎「內服、外用兩相宜」，而且茄紅素與維生素C一把抓，同時更是少數吃與抹皆宜的「兩棲水果」吧！吃番茄好處在哪裡？實驗證實：番茄在烹調之後成為容易吸收的順式茄紅素，使得茄紅素在烹調後神奇加倍，這恐怕就是義大利肉醬麵如此受歡迎的原因吧！既可以享受美味，營養更是多多。

至於番茄的外用，近來也幾乎成為養顏美容的當紅炸子雞。番茄用於美容養顏時，最被看重的是它內含豐富的維生素C這種水溶性維生素，眾所皆知，維生素C具有美白與撫平細紋的功效，同時也可減少皮膚黑色素形成、淡化斑點，以及減緩老化現象。由於維生素C容易在烹調、加熱過程中流失，既然不適合烹調，不妨就拿來外用吧！這麼一來，番茄的諸多功效又加添了一項，真是功德無量呢！

◎番茄美容小常識

番茄內所含的豐富營養素真可謂「嘆為觀止」，包含：蛋白質、脂肪、碳水化合物、維生素A、B_1、B_2、C、菸鹼酸、B_6、胡蘿蔔素、鈣、磷、鋅、鉀、鐵、硼、碘、銅、錳、鎂、檸檬酸、蘋果酸等等，營養素之多堪稱水果之冠。番茄中較具功效的營養素還包括：近年來十分搶手且一再被炒熱的營養素茄紅素、維生素C、E以及β-胡蘿蔔素等等，這些營養素與細胞抵抗氧化的功能有著很大的關聯，這也是番茄之所以集三千寵愛於一身，因此被喻為是抗老化優質水果的原因。

由於本章內容重點是番茄與美容，因此，就讓我們先來看看番茄中與養顏美容功效有關的營養素：

番茄中的第一號營養素：茄紅素

茄紅素為類胡蘿蔔家族的一員，由於類胡蘿蔔家族被證實與細胞抗氧化功能有關，它並可以增加細胞對抗自由基的能力，所以茄紅素的功能也與抗癌有所關係。茄紅素在一些癌症的預防上有明顯的效果，尤其是預防男性的攝護腺癌方面。此外，許多的醫學研究也證實：茄紅素對結腸直腸癌、肝癌、肺癌以及女性的乳癌，都有良好的降低效果。

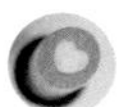

茄紅素在美容上的功能

- 可抑制陽光、空氣對我們皮膚所產生的汙染。
- 有抗老化作用。

番茄中的第二號營養素：維生素 C

番茄中所含的維生素 C 為西瓜的 10 倍，且不易遭到破壞，所以人體的利用率很高。 100 克的番茄中就含有 23 毫克的維生素 C 。維生素 C 為細胞間膠原的主要物質，膠原則是使細胞與細胞間排列緊實的物質，細胞與細胞之間的間隙，就是靠膠原來補平以及填補縫隙。人體內的膠原不足時，細胞的防禦能力會減低，也就給了病毒以及細菌一個侵入的缺口，由此可知，體內缺乏膠原時，罹癌機率也會增加。此外，維生素 C 也掌管血管壁的彈性，當維生素 C 缺乏時，血液容易滲出管壁，造成所謂的牙齦出血以及所謂的「壞血症」。

維生素 C 對人體的功能

- 恢復肌膚的彈性。
- 促進傷口的癒合，例如灼傷。
- 製造與增加膠原蛋白。
- 預防壞血症。
- 增加白血球的活性，捕捉自由基。
- 保護細胞避免傷害，能抗癌。
- 預防感冒。

維生素 C 在美容上的功能

- 能美白、淡化斑點。維生素 C 對於美白的機制在於它能夠抵抗酪胺酸的形成，而酪胺酸也就是麥拉寧（Melanine）黑色素的主要成分。想要消除因為紫外線所造成的斑點，美容界是以維生素 C 中的左旋 C 來治療，它可以直接被人體所利用，效果非凡。
- 治療雀斑。
- 作為防曬品。
- 治療身體灼傷、燙傷。
- 增加手術後的傷口癒合。
- 改善眼袋。
- 除皺。

此外，許多人由於飲食習慣特殊或是處於特殊狀態，體內的維生素 C 特別容易流失或是極需要補充，如果你是屬於下列族群，切記一

定要多多補充維生素 C 。

1. 菸酒所的成員（煙酒不離手）。
2. 嗜咖啡如癡者。
3. 不愛吃水果的人。
4. 常常感冒的人。
5. 懷孕中的婦女。

番茄中的第三號營養素：維生素 E

維生素 E 號稱血管的清道夫，也就是會幫助血管清除多餘的脂肪與膽固醇，並參與細胞膜的抗氧化作用，為一良好的抗氧化劑。

維生素 E 對人體的功能

- 預防老化。
- 降低罹患心血管疾病。
- 預防疤痕產生。
- 增加身體免疫力。
- 防止低密度脂蛋白所產生的血管硬化。

維生素 E 在美容上的功能

- 預防皮膚老化。
- 抗皺紋。
- 防止血管凝結，使血液循環良好。

番茄中的第四號營養素：β-胡蘿蔔素（維生素 A）

β-胡蘿蔔素為維生素 A 的前身，當我們從飲食中攝取了 β-胡蘿蔔素後，會在體內轉變成為維生素 A 。熟透的紅番茄中維生素含量為青澀番茄的 3 ～ 4 倍，這也就是為何挑選番茄時，應該要選擇又紅又大的。

維生素 A 對人體的功能

- 預防白內障、視力退化、近視以及眼睛疲勞，改善眼疾。
- 保持黏膜、鼻腔以及肺部功能的完整性。
- 維護頭髮的形成。
- 增進對呼吸道感染的抵抗力。
- 預防心血管疾病。

維生素 A 在美容上的功能

- 治療粉刺、青春痘、老人斑、皮膚乾燥及潰爛等。
- 預防老化。
- 維持表皮細胞的健康與完整。
- 預防老年性黃斑。

番茄中的第五號營養素：維生素 B_2

維生素 B_2 參與許多身體的代謝反應，可幫助消化與吸收。

維生素 B_2 對人體的功能

- 促進細胞再生反應。
- 維持皮膚、毛髮以及指甲的健康。
- 強化脂肪的代謝。

維生素 B_2 在美容上的功能

- 促進傷口復原。
- 治療脂漏性皮膚炎（臉上或手臂上長小小白白的脂肪粒）。
- 治療口角炎。

番茄中的第六號營養素：菸鹼酸

菸鹼酸為人體所需量最高的營養素，與維生素 B_1 、 B_2 共同參與多項體內的代謝作用。

菸鹼酸對人體的功能

- 維持神經系統的正常。
- 維持消化系統的正常。
- 幫助皮膚代謝。

菸鹼酸在美容上的功能

- 治療癩皮病（皮膚紅腫潰爛，奇癢無比，傷口曬到太陽時會十分刺痛）。
- 治療皮膚發炎。

番茄中的第七號營養素：維生素 B_6

維生素 B_6 包括比哆醇、比哆醛、比哆胺，為一種水溶性維生素，人體有多項反應須靠維生素 B_6 的參與，才能完成任務。

維生素 B_6 對人體的功能

- 是體內重要的抗發炎因子。
- 促進維生素 B_{12} 的吸收。
- 促進蛋白質合成。

維生素 B_6 在美容上的功能

- 治療口腔發炎。
- 治療脂漏性皮膚炎。
- 治療皮膚發炎現象。
- 治療蕁麻疹以及濕疹。

◎檢視一下你是否需要保養

壓力以及污染是造成皮膚出現問題的兩大元凶，現代人豐衣足食，物質生活大大提高，但罹患癌症的機會卻比古早的人高，原因就出在生活模式以及生活環境受到污染。醫學研究證實：壓力確實會造成人的基因突變而致癌；無節制的飲食，也會使癌症很快找上你；加上生活作息不正常，體內對自由基（造成細胞突變的關鍵）更是愈來愈難以招架。只要稍微注意觀察，不難發現：曝曬在危險環境下的現代人，老化速率正在加快當中。

其實「保養」的動作，並不只侷限於愛美的人，所謂保養的新詮釋觀點，應該是以「拒絕老化」、「保護皮膚不受污染」為訴求。保養也不再是一種時髦的代名詞，它應該是一種習慣，一種愛護自己、保護自己的表徵，也是一種養生觀。因此，即使不趕時髦的人，也不可以自外於「保養」。

屬於下列情況的族群，應當更要加強保養與養生，請檢視一下：

年過三十五歲的「資深族群」：不分男女，過了三十五歲，身體的新陳代謝率降低，皮膚老化情況急劇上升，不保養可是不行呦！

煙酒一族：抽煙與喝酒都會使身體的維生素C快速消失，而維生素C對皮膚的彈性及修復有著極大的關係，若你煙酒不離身的人，可要記得比一般人多愛惜自己，多多保養喔！

經常熬夜的人：許多人都有熬夜的經驗，總覺得才一晚不睡，之後要補好幾天的眠才會補足精神，最可怕的是，經過一夜的疲憊，第二天照鏡子，臉龐實在很嚇人，試想長期如此的話，你會有好臉色嗎？熬夜十分傷身，而且更傷皮膚的元氣，不可不慎！

飲食無節制的人：飲食習慣中，多油脂、少蔬菜、低纖維以及低維生素的人，體內會產生太多酸性物質，罹患心血管疾病的風險較高，這一類人，應該好好調整體質，別再虐待自己的身體了！至於愛吃油炸食物的人，臉上也比較容易長粉刺及青春痘，所以拒絕油炸，是恢復皮膚完整的第一步，若再輔以適當的保養，更有加分的效果。

經常曝曬在陽光下的人：像業務員、戶外工作者，都是經常在陽光下曝曬的人，過多紫外線的照射，會使皮膚產生病變，增加罹患皮膚癌的危險，應特別注意防曬保養。

對特定食物過敏的人：有些食物例如：鴨肉、油炸食品、巧克力及蜂蜜等，都容易引起皮膚發炎的反應，所以皮膚過敏的人，應特別注意「忌口」的保養方式。

經常吹冷氣的人：冷氣房的環境，容易使皮膚乾燥、脫水，經常待在冷氣房的人，皮膚也該多多「澆水」！

防曬常識練功坊——你的防曬觀念及格嗎？

Q：空氣中的光線，哪一些是對人體有害的？

A：陽光、空氣與水，是人類生活所必需的物質，但過度的陽光照射，卻會對皮膚產生傷害，許多人都以擁有一身古銅色肌膚為美的象徵，殊不知讓肌膚過度曝曬在陽光下，會增加皮膚罹患皮膚癌的危險。

存在於大氣層內的光線有紅外線、紫外線A、紫外線B，以及可見光線，真正會對人體皮膚產生傷害的則為紫外線。讓我們再對這個號稱皮膚頭號殺手的紫外線多做一點了解。紫外線共有三種成分：

名稱	波長屬性	對人體的影響程度
UVA	長波長	可達皮膚真皮層，容易使皮膚曬黑及曬傷，長期曝曬會導致肌膚老化。
UVB	中波長	只達到皮膚的表皮，但對皮膚傷害的程度大，會使肌膚發紅，也是皮膚癌的導因。
UVC	短波長	已被臭氧層吸收而無法穿透大氣層，對人體不會造成影響。

Q：氣象報告中的「紫外線指數」是什麼？

A：你一定常常聽到氣象報告的主播，除了預報明日的氣溫之外，也會多加報一項「紫外線指數報導」，你知道這些指數背後的意義嗎？你了解這些訊息後，該做什麼生活上的防曬措施嗎？

關於紫外線指數

項目	定義與說明
紫外線指數	測量在地球表面紫外線影響人類皮膚的強弱程度
度量的根據	以國際光照委員會建議使用的「紅斑作用光譜曲線」來測量
指數的分類	0～2：微量級。 3～4：低量級。 5～6：中量級。 7～9：過量級，表示曝曬在陽光下 20 分鐘就會受傷。 10～15：危險級，表示曝曬在陽光下 20 分鐘就會受傷。
防曬措施	0～2：微量級，出門要帶帽子及洋傘。 3～4：低量級，除了戴帽子、撐洋傘外，皮膚還要擦上防曬乳液。 5～6：中量級，除了戴帽子、撐洋傘、皮膚擦防曬乳液外，要盡量待在陰涼的地方。 7～9：過量級，除了戴帽子、撐洋傘、皮膚擦防曬乳液外，要盡量待在陰涼的地方，同時 AM10:00～PM2:00 盡量不出門。 10～15：危險級，除了戴帽子、撐洋傘、皮膚擦防曬乳液外，要盡量待在陰涼的地方，同時 AM10:00～PM2:00 盡量不出門。

Q：美白怎麼做？

A：美白並不是用想的就好，還要具備防曬的常識與行動力，同時提醒你，不管膚質多好、多麼天生麗質，我們每天都有機會曝曬在陽光下，所以每天都需要防曬，可千萬不能偷懶哦！以下是人人必備的美白「防曬守則」：

☆看準時機再出門

一天之中陽光最毒辣的時候是在上午十點到下午兩點，若不想曬傷、曬黑，就別選在這個時候出門，跑業務的先生、小姐們，跟客戶約時間談生意，也請盡量別挑這個時間在外面奔波，以免紫外線「毒到你」。

☆防曬基本裝備

1. 遮陽傘：以具有抗紫外線功能的洋傘為佳。
2. 遮陽帽：選擇有帽沿（可遮住整臉、耳朵及脖子後面）且可折疊者較佳。
3. 墨鏡：選擇以能遮住整個眼睛及具有抗紫外線功能的鏡片為佳。提醒你，並不是鏡片顏色愈深，防紫外線效果就愈好哦！
4. 長袖薄外套：這是機車族的基本配備，如果沒有這一層保護，一趟車騎下來，皮膚真像刷了一層薄薄的烤肉醬，時間一久，不曬黑才怪！

Q：如何選擇、使用美容防曬產品？

A：美容防曬產品以 SPF 標示，所謂 SPF 是指延遲紫外線傷害所需時間的倍數。SPF 為美國所採用的防曬指標，例如 SPF15，表示塗上此產品之後，在其十倍的時間，也就是 150 分鐘才會造成傷害。

歐洲國家則採用 IP 系統，防曬效果為 IP 係數乘以 15 倍＝紫外線造成傷害的時間。專家建議：每天出門前（前十分鐘最好）塗抹 SPF15 以上的防曬乳液。最好選購兼具防 UVA 以及 UVB 的防曬產品，並且每兩小時補擦一次防曬乳液。

◎番茄美容用品DIY

自製美容產品前的小小叮嚀

美容產品DIY既可省錢，又能完全掌握操作程序，是現代女性居家的休閒風潮，但仍有些小小提醒要說明，以免壞了興致：

☆ 確定所使用的材料一定要是新鮮的。塗在身上的材料以天然的最好，千萬別跟自己的身體過不去！

☆ 一次別製作太多份量。DIY面膜如果一次用不完，新鮮度就會減低很多，所以別大量製備，否則皮膚敏感的人，可能會有不適應的情況。

☆ 使用乾淨的容器來盛裝DIY材料，這些容器在美容用品店均有販售。

☆ 製作前請洗淨雙手。

☆ 使用前，為求謹慎，應先抹在手臂上，若無過敏反應，才可塗在臉上，以免發生「見不得人」的狀況。

番茄面膜

原料 番茄1顆、蜂蜜1大匙、麵粉2大匙、面膜紙1張

器具 果汁機（也可以使用食物調理機）、濾網、攪拌碗、攪拌棒

製作方式

1. 將番茄洗淨，去除蒂頭後，將其切成小塊狀。
2. 將番茄放入果汁機中，將番茄打成泥狀（此過程約一分鐘）。
3. 將番茄泥過濾取番茄汁，放入一乾淨的攪拌碗中。
4. 加入麵粉以及蜂蜜於碗中，以攪拌棒調勻，番茄面膜已經完成。

使用方式

將面膜平整地貼在臉上 → 靜待15分鐘 → 取下面膜 → 將臉洗淨 → 完成敷臉

>>>番茄面膜

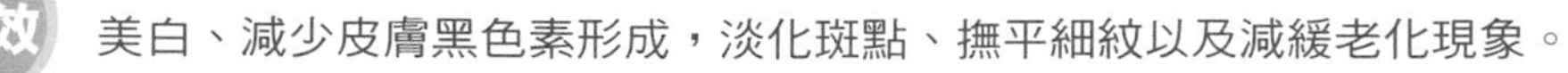

功效 美白、減少皮膚黑色素形成，淡化斑點、撫平細紋以及減緩老化現象。

番茄本身熱量低，營養價值高，

但總不能每天光啃番茄來裹腹吧！

這裡為想要享受番茄美味又拒絕高熱量的瘦身族，

特別設計低卡、高纖及無煙烹調的食譜。

許多種食材遇見番茄，

可搭配出各式各樣美食佳餚，

但你一定也知道，許多番茄製品的熱量與含鈉量不可小覷，

所以想要大啖番茄，一定要掌握沒有負擔的健康吃法。

Chapter 5

番茄小棧——瘦身族看這裡

番茄本身熱量低，營養價值高，

但總不能每天光啃番茄來裹腹吧！

這裡為想要享受番茄美味

又拒絕高熱量的瘦身族，

特別設計低卡、高纖及無煙烹調的食譜。

許多種食材遇見番茄，

可搭配出各式各樣美食佳餚，

但你一定也知道，

許多番茄製品的熱量與含鈉量不可小覷，

所以想要大啖番茄，

一定要掌握沒有負擔的健康吃法。

認識番茄的各種面貌

榮登美國2002年《Time》雜誌時代風雲食物榜首的番茄，魅力持續發酵，至今仍未退燒，許多熱門的話題可說都還「繞著番茄燒」。番茄與抗癌、番茄與美容、番茄與瘦身……，如今談到番茄，自然而然會令人將它與健康聯想在一起。番茄不僅曝光率極高，各式番茄的品種也如雨後春筍般在各大市場中「爭鮮上市」，種類之多，猶如一場番茄博覽會，令消費者眼花撩亂。消費者不妨藉此來好好認識一下番茄家族的面貌。

◎番茄群芳譜

說起番茄的家族，可概分為新鮮番茄家族以及番茄製品兩大類，而不同種類的番茄也有著不同口感與營養成分，對於市售林林種種的番茄，消費者常常不知如何「下手」，建議你最好多吃各種類的番茄與番茄製品，營養功效才能有加乘與互補效果。現在就讓我們來一探番茄的各種面貌：

新鮮番茄

一點紅：又稱為「黑柿子番茄」或是「臭柿子」，為台灣的「土番茄」。之所以稱為一點紅，是因為在還沒成熟前，它的全身都呈綠色，只有果頂中心出現一抹粉紅色，所以因而得名。此種番茄口感較硬也較酸，在古早味的記憶中，將一個酸梅塞進臭柿子番茄，

吃起來那種酸酸、甜甜又幸福的感覺，至今仍深烙在許多人的回憶中。一點紅在料理方式上生吃、快炒、煮湯都相宜，例如：番茄炒蛋、番茄蛋花湯……等。

桃太郎：身形渾圓，帶著粉粉亮亮的艷紅色，果頂尖尖的，品種可達五種之多，形狀也有大有小。近來在各大超市中也出現身型較小的桃太郎番茄，十分適合用來製作番茄沙拉。適用的料理方式有生吃、作為三明治的夾餡、沙拉或是烤番茄。

聖女番茄：身型小而橢圓，如桃太郎番茄一般，帶著亮紅色外表，一般多作為水果生吃（民間則流行沾酸梅粉吃或夾化應子蜜餞或是情人果），是很多人喜愛的食物。近來更有溫泉栽植品種的金黃色聖女番茄，維生素C含量多多，被譽為美容聖品。維生素C吃的要比抹來得有效，對愛美的人來說，金黃色聖女番茄是個經濟又實惠的好選擇！聖女番茄以生吃為大宗，你可以當作水果吃，也可以打果汁或作沙拉。

櫻桃番茄：因為身形如櫻桃般因而得名，全身呈鮮紅色。比較適合的料理方式為打果汁或生吃。

小牛番茄：義大利品種的番茄，身形圓潤肉質肥厚，外皮很薄，是料理用的番茄，它的鮮豔外觀在長時間烹調下依然不改其色，所以適合的料理方式有燜、燉肉、熬湯或紅燒等。

黃金番茄：外形像小牛番茄，卻有著橘黃色的外皮，是荷蘭的品種，榨汁後呈金黃色，十分特殊。自從媒體炒作黃金番茄具有減肥療效，一時間它身價就水漲船高，價位節節攀升。如果單就營養成分來看，其實它的茄紅素含量並不如紅番茄高，但維生素C及纖維素含量頗豐，由於維生素C屬於水溶性維生素，容易在加熱過程中受到破壞，所以建議黃金番茄的最佳食用方式是生吃或打汁。

溫泉番茄：為宜蘭特有的番茄，號稱溫泉灌溉的特有品種，它的長相、大小之間有很大差異，適合的用途與台灣土番茄、桃太郎番茄相同。

日本進口紅番茄與黃番茄：形狀與小牛番茄類似，採溫室栽培，外型有紅、黃兩種。紅番茄的顏色要比小牛番茄更為鮮紅。適合烹調的方式為生食、燉肉、煮湯等。

番茄製品

◀不含鹽番茄汁

番茄汁：市售番茄汁有含鹽番茄汁以及不含鹽番茄汁兩種口味。至於為何要在番茄之中加鹽？其實是由於番茄榨汁後的酸味提高，且又未達殺菌的標準，於是就加了鹽來殺菌。但值得注意的是：加鹽的番茄汁往往鈉離子含量偏高，對於腎臟病患者恐是一種負擔。

含鹽番茄汁▶

罐裝番茄：市售的罐裝番茄產品種類眾多，大概可以歸納如下：

1. 整粒番茄：將整顆番茄去皮後裝罐（多為馬口鐵罐裝），適合用來熬製義大利肉醬。
2. 番茄丁罐頭：將番茄去皮切丁，有些會加入香料（如：奧立崗）來增添風味，市售多為馬口鐵罐裝，適合用在西式的烹調上。

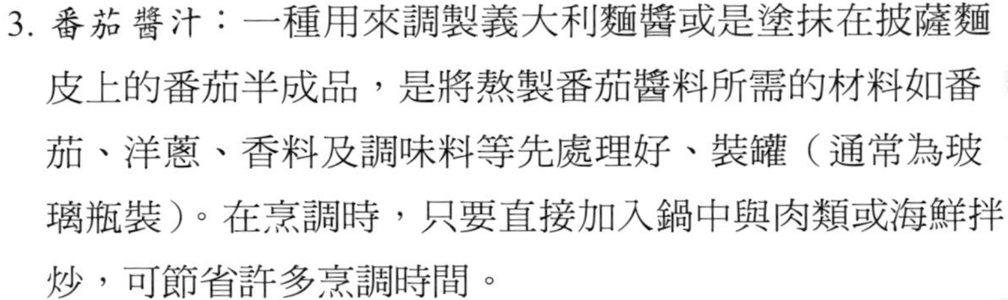

3. 番茄醬汁：一種用來調製義大利麵醬或是塗抹在披薩麵皮上的番茄半成品，是將熬製番茄醬料所需的材料如番茄、洋蔥、香料及調味料等先處理好、裝罐（通常為玻璃瓶裝）。在烹調時，只要直接加入鍋中與肉類或海鮮拌炒，可節省許多烹調時間。

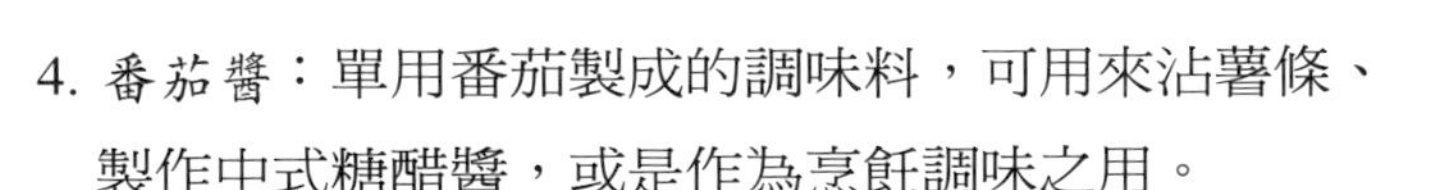

4. 番茄醬：單用番茄製成的調味料，可用來沾薯條、製作中式糖醋醬，或是作為烹飪調味之用。

5. 番茄糊：是呈牙膏般濃稠狀的番茄醬料，一般都用來作為熬製西式蔬菜湯、番茄醬汁、番茄燉肉或是一些成品外觀為鮮紅色的湯類及菜餚。

就是要你瘦——番茄營養成分大公開

面對市售日益增多的番茄品種，你也許想問：「每一種番茄的營養都一樣嗎？」近來的研究結果指出，加工與烹調過的番茄，其茄紅素的成分比新鮮番茄來得多更多（見 p.37 表），義大利麵醬中的茄紅

素含量為新鮮番茄的十倍之多。這是由於番茄在加熱過程中，反式的茄紅素會變成易吸收的順式結構。生食番茄所得的茄紅素雖不像煮熟的那麼多，但新鮮番茄的維生素C含量比煮熟的多很多，因為維生素C為水溶性維生素，十分容易因高溫加熱而流失掉營養素。所以，從生食番茄獲取較多維生素C，也算是一種「意外的收穫」呢！

想知道市售番茄及番茄製品有多少營養素嗎？請參照p.37圖表。

針對前述番茄與番茄製品的特性，在食用及烹調上，有些小小心得要與讀者分享：

- 番茄加熱後，茄紅素雖然比生食多更多，但熱量也相對升高不少，千萬別小看這些熱量。
- 番茄生吃維生素C多、熱量低，很適合怕胖或正在節食的人。
- 市售番茄醬含鈉量太高，不適合有心血管疾病的人，建議以新鮮番茄來作烹調，才能使健康加分。
- 黃色番茄是最近的熱門寵兒，但其實它的茄紅素含量沒有紅色番茄多，但它的長處是維生素C含量多，所以黃色番茄以生吃或是打汁比較好，比較不適合用來烹調。

以下將以番茄與番茄製品的特性來設計食譜，包括瘦身飲品（現打果汁應在30分鐘內飲用完畢）、低卡食譜、番茄小菜等，主要特色是針對低熱量及簡單烹調為訴求，十分適合正在瘦身或是忙碌又卻吃膩外食的你。

金色陽光

材料

黃金番茄100g（約1杯）、柳橙3顆、冰塊1/3杯

器具

果汁機、榨汁器、小刀、玻璃杯、攪拌棒

做法

1. 柳橙洗淨，橫切成兩半後，以榨汁機榨汁備用。
2. 黃金番茄洗淨去蒂頭，與柳橙汁加入果汁機中攪打均勻。
3. 倒入已注放冰塊的玻璃杯中，以攪拌棒攪勻後，趁鮮品嘗。

當黃金番茄遇上柳橙汁，維生素C多又多。　享瘦小站

番茄鳳梨汁

材料

桃太郎2顆、鳳梨1/4顆、冰塊1/3杯

器具

果汁機、小刀、玻璃杯、攪拌棒

做法

1 番茄洗淨，西瓜去皮，均切成小塊狀。

2 倒入已注入冰塊的玻璃杯中，以攪拌棒攪勻後，趁鮮品嘗。

享瘦小站　鳳梨因具有消化酵素，所以適合飯後飲用，具有幫助消化之效。

>>>艷紅動人

材料

無鹽番茄汁100cc、養樂多100cc、蜂蜜1小匙、冰塊1/3杯

器具

果汁機（具有打冰塊功能者）、小刀
玻璃杯、攪拌棒

做法

1 冰塊先加入果汁機中打成碎冰狀。

2 番茄汁、養樂多以及蜂蜜加入果汁機中攪打均勻。

3 倒入玻璃杯中，以攪拌棒攪拌均勻後，趁鮮品嘗。

養樂多可整腸健胃助消化，蜂蜜潤燥滑腸，使皮膚柔細。 享瘦小站

高纖蔬菜汁

材料

紅番茄2顆、西洋芹1小支
胡蘿蔔1小條、冷開水150cc
蜂蜜1小匙

器具

果汁機、小刀、玻璃杯
攪拌棒

做法

1 番茄、西洋芹、胡蘿蔔（不去皮）洗淨，均切成小塊。

2 將上述蔬菜放入果汁機，加入水及蜂蜜，以中速攪打均勻。

3 倒入杯中，30分鐘內飲用完畢。

享瘦小站 一次給足茄紅素、纖維素與胡蘿蔔素。此道果汁喝時可別濾渣喔，一邊喝果汁一邊吃「渣渣」，把纖維素吃進去，讓纖維素把腸胃動一動，整一整。

>>>番茄西瓜汁

材料

櫻桃番茄100g、西瓜1片（約300g）、冰塊1/3杯

器具

果汁機、小刀、玻璃杯、攪拌棒

做法

1 番茄洗淨，西瓜去皮，均切成小塊狀。

2 將番茄、西瓜與冰塊加入果汁機中攪打均勻。

3 倒入玻璃杯中，以攪拌棒攪勻後，趁鮮品嘗。

西瓜可以幫助代謝排出廢物，活化身體細胞，給你好氣色。 享瘦小站

番茄雞胸肉沙拉附東方醬汁

1人份

材料

雞胸肉1副（去骨去皮）、溫室紅番茄・黃番茄各1顆、什錦生菜1小撮
東方醬汁：醬油2小匙、麻油1小匙、醋1小匙、白芝麻1小匙

做法

1 雞胸肉洗淨，以鹽與白胡椒醃15分鐘。

2 將雞胸肉放入沸水中煮熟，撈起，待涼後切成約0.5cm片狀。

3 番茄洗淨，橫切成1cm厚的片狀。

4 將醬汁的材料混合均勻後，備用。

5 以一片番茄夾一片雞胸肉的方式，在盤中排盤。

6 加入生菜，淋上東方醬汁即可食用。

Tips 什錦生菜包可於超市中購得，若買不到，則可以美生菜替代。

1人份 >>> 番茄什錦菇湯麵

材料

新鮮香菇2-3朵、鴻禧菇1小撮、金針菇1小撮、高湯2杯、拉麵100g
青江菜2小株、台灣土番茄1顆、胡蘿蔔2-3片（切花狀）
鹽與柴魚精適量、蔥花少許、香油少許

做法

1 香菇切片，鴻禧菇與金針菇切小段，番茄切成八瓣，胡蘿蔔先壓成花型再切薄片。

2 高湯加熱至沸騰，加入麵條與番茄、菇類及胡蘿蔔片同煮。

3 待麵熟後，加入青江菜燙熟，並以鹽與柴魚精適當調味。

4 起鍋前淋上少許香油，灑上蔥花，趁熱食用。

Tips 此道菜因含有菇類，痛風病患並不適合。

番茄美人鍋 1人份

材料

蔥1支（切段）、薑3片、紅番茄1顆（切片）、高湯500cc 、豆腐半盒
綠花椰菜3-4朵、玉米筍2支、冬粉1把、小豆苗少許、鹽與柴魚精適量

做法

1 起一油鍋，爆香蔥薑後，加入番茄略炒。

2 加入高湯、豆腐、綠花椰菜以及玉米筍煮至沸騰，再加入冬粉煮熟。

3 最後加入小豆苗略煮，以鹽和柴魚精適當調味後即可起鍋。

1人份 >>> 茄汁蝦仁天使麵

材料

天使麵（Angel Hair）100g、橄欖油1大匙、蝦仁50g、洋蔥（碎）1大匙、大蒜（碎）1大匙、義大利綜合香料1小匙、罐裝番茄醬汁100g、鹽與胡椒適量、巴西利（碎）少許

做法

1 鍋中煮沸一鍋水，加一小匙鹽，將天使麵放入鍋中煮熟，撈起，拌入橄欖油備用。

2 蝦仁燙熟備用。

3 取一平底鍋，倒入橄欖油加熱，先爆香洋蔥與大蒜碎，續加入義大利綜合香料，最後加入番茄醬汁煮至沸騰及濃稠。

4 加入煮熟的麵條與已經燙熟的蝦仁快速拌炒。

5 加適量的鹽與胡椒調味，即可盛盤。食用時，撒上巴西利碎作裝飾。

Tips 義大利香料為一種綜合香料，包括洋蔥碎、大蒜、胡椒、奧利崗、巴西利、鹽……等香料，適合用在義大利麵烹調以及製作披薩醬汁。

低卡貝果餐 1人份

材料

貝果（bagel）麵包1個、小牛番茄半顆、燻鮭魚2-3片、洋蔥（切圈狀）2-3圈
麵包抹醬：黃色芥茉醬1小匙、美奶滋1小匙

做法

1 麵包抹醬的材料先行混合。小牛番茄切成圓片狀。

2 貝果麵包橫切成兩半，塗上抹醬後，入烤箱中烤熱。

3 將燻鮭魚夾入貝果麵包中，加上番茄片與洋蔥圈，蓋上另一片，即可大快朵頤。

Tips 燻鮭魚可在大型超市中購得，若無，可以水煮後的鮭魚片替代。

1人份 >>> 番茄乳酪沙拉

材料

小牛番茄1顆、瑪芝瑞拉乳酪(Mozzarella Cheese)100g
青醬(Pesto Sauce):松子2大匙、九層塔50g(約1碗的量)、乳酪粉2大匙
橄欖油2大匙、鹽與胡椒適量

做法

1 小牛番茄洗淨,以小刀縱切半不切斷。乳酪片切成約0.5cm厚的四方片。

2 將乳酪片夾入每一個番茄夾層中。

3 **青醬製作**:先將松子入烤箱中烤香,再將所有材料加入食物調理機中打勻,盛起。

4 番茄、乳酪排於盤中,淋上青醬。

Tips 醬汁中的松子可在有機商店中購得,若不易買到,可以核桃仁代替。

墨西哥脆餅附莎莎醬

2人份

材料

墨西哥脆片1碗
莎莎醬汁：洋蔥1/4顆（切小丁）
紅番茄1顆（去皮去籽切丁）
番茄醬1大匙、檸檬汁1小匙
鹽與胡椒適量

做法

1 將莎莎醬汁的材料混合，盛入醬汁盅內。

2 食用時，每片墨西哥脆片舀入莎莎醬汁，香脆入口。

Tips 莎莎醬（Salsa）為墨西哥經典醬汁，原始的材料為融合番茄丁、墨西哥辣椒與南瓜子，為一種海鮮或是肉類的沾醬。

2人份 >>> 番茄抹醬法國麵包

材料

法國麵包半條
小牛番茄1顆
青醬（Pesto Sauce）：
松子2大匙
九層塔50g（約1碗的量）
乳酪粉2大匙
橄欖油2大匙
鹽與胡椒適量

做法

1 烤箱轉至180℃，預熱10分鐘。

2 法國麵包斜切成1cm厚的片狀。

3 小牛番茄去皮去籽切成小丁。

4 製作青醬：先將松子放入烤箱中烤香，再將所有材料加入食物調理機中打勻，盛起。

5 將番茄丁拌入青醬之中。

6 將抹醬均勻塗抹於每片法國麵包片中，放入烤箱中烤熱即可取出。

番茄時蔬沙拉附和風醬汁

1人份

櫻桃番茄1碗、蘿蔓生菜1株、日式和風醬汁（市售）3大匙

做法

1 番茄洗淨，切成四瓣。

2 蘿蔓生菜洗淨，擦乾水分，撕成小片狀。

3 生菜及番茄鋪排於盤中，淋上醬汁即可。

Tips 目前在各大超市均有販售現成的沙拉醬汁，對怕麻煩的人是不錯的選擇，提醒你要看清楚各種沙拉醬汁的熱量，怕胖的人應避免選取熱量太高的醬汁。

1人份 >>>> 焗烤番茄

材料

日本溫室紅與黃番茄各1顆、洋蔥（碎）1大匙、大蒜（碎）1大匙、牛絞肉50g
玉米粒1大匙、高市售罐裝番茄醬汁3大匙、高湯1杯、鹽與胡椒適量、乳酪粉適量

做法

1. 烤箱轉至180℃，預熱10分鐘。
2. 從番茄頂1cm處橫切，將內部挖空備用。
3. 取一平底鍋，將洋蔥與大蒜碎爆香，放入牛絞肉炒至肉變色。
4. 加入市售現成的番茄醬汁與高湯將肉燉熟，並拌入玉米粒，以適量的鹽、胡椒調味成餡料。
5. 將餡料填充於挖空的番茄中，撒上乳酪粉。
6. 放入已預熱的烤箱中，烤至外表成金黃色。

番茄在歐洲紅了幾世紀，造就不少傳世佳餚。

西方人吃番茄歷史久遠，對番茄感情深厚，

而番茄烹調後的美味也讓人深深愛上它。

番茄東傳後造成不少轟動，

雖然國人對番茄入菜的基本印象

只是「番茄炒蛋」，

但究竟是先炒番茄還是先炒蛋？

也能衍伸出許多烹調哲學呢，

可見番茄也算是「炒作」專家了！

現在將適合老饕的中外番茄經典菜餚一一呈現，

請享用！

Chapter 6

番茄的魔法廚房

番茄在歐洲紅了幾世紀，造就不少傳世佳餚。
西方人吃番茄歷史久遠，對番茄感情深厚，
而番茄烹調後的美味也讓人深深愛上它。
番茄東傳後造成不少轟動，
雖然國人對番茄入菜的基本印象
只是「番茄炒蛋」，
但究竟是先炒番茄還是先炒蛋？
也能衍伸出許多烹調哲學呢，
可見番茄也算是「炒作」專家了！
現在將適合老饕的中外番茄經典菜餚一一呈現，
請享用！

番茄魚片燴飯

番茄魚片燴飯 →→ 1人份

材料

鯛魚片1片、聖女番茄6-8顆、玉米筍3-4支
青江菜2株、麵粉2大匙、沙拉油3大匙
洋蔥（碎）1大匙、高湯1/2碗
太白粉水2大匙、鹽與香油適量、白飯1碗

做法

1. 鯛魚片切小片狀，醃上少許鹽及胡椒；番茄每個切成四瓣；玉米筍每枝斜切成兩半；青江菜縱剖成兩半。
2. 每片魚片均勻沾上麵粉，入鍋中煎至金黃色後，鏟起備用。
3. 加熱煎魚剩餘的油，爆香洋蔥碎後，陸續加入番茄、玉米筍以及青江菜入鍋中略炒。
4. 加入高湯煮至沸騰，再加入太白粉水勾芡，並以適量的鹽調味。
5. 將已煎熟的魚片入鍋中燴煮片刻，淋上香油後即可盛起。
6. 盤中先盛裝白飯，再淋上燴料於飯上。

番茄牛肉麵

番茄牛肉麵 →→ 1人份

牛腩200g（切2cm塊狀）、蔥與薑少許、沙拉油2大匙
洋蔥1/2顆（切片）、紅一點的本土番茄2顆（切塊）
胡蘿蔔1條（切滾刀塊）、麵100g、小白菜2株
辣豆瓣醬1大匙、高湯2杯半

米酒2大匙、滷包1袋、醬油2大匙、鹽與胡椒適量

1 準備一鍋沸水，加入蔥、薑，將牛腩川燙後，撈起備用。

2 鍋中燒熱沙拉油，爆香洋蔥，陸續加入番茄及胡蘿蔔炒至軟。

3 加入川燙後的牛腩略炒，再加入辣豆瓣醬炒勻。

4 淋入高湯並加入除鹽與胡椒之外的所有調味料煮至沸騰，轉小火慢燉30分鐘，至肉完全軟化，再以適量的鹽與胡椒調味。

5 將拉麵煮熟撈起，加入燉好的番茄牛肉湯，並加入燙好的小白菜，即可食用。

Tips 不喜食辣者，可將材料中的辣豆瓣醬以番茄醬替代。

番茄牛奶鮭魚鍋

番茄牛奶鮭魚鍋 →→ 1人份

材料

高湯2杯、鮭魚片（去骨）100g
台灣土番茄1顆（切塊）、青江菜2株
低脂牛奶2杯、鹽與胡椒適量

做法

1 準備一鐵鍋，將高湯放入鍋中煮沸，放入魚片、番茄與青江菜燙熟。

2 加入牛奶於鍋中煮至沸騰，以適量的鹽及胡椒調味，熄火。

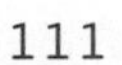

番茄辣醬麵

番茄辣醬麵 →→ 1人份

沙拉油2大匙、蔥1支（切末）、大蒜1瓣（切末）
五香豆乾3塊（切小丁）、豬絞肉50g
番茄2顆（去皮去籽切小丁）、辣豆瓣醬2大匙
甜麵醬1大匙、高湯1杯、鹽與胡椒適量
拉麵100g、綠豆芽（摘去豆子部分）半杯
小黃瓜（刨絲）1/2杯

1 鍋中將油燒熱，爆香蔥、蒜末後，將五香豆乾放入炒香。

2 放入絞肉炒至變色，加番茄丁略炒，再加入辣豆瓣醬及甜麵醬於鍋中炒勻。

3 最後加入高湯煮至沸騰，轉小火慢燉30分鐘至湯汁濃稠，以適量的鹽與胡椒調味，熄火，即成為番茄辣醬。

4 將麵煮熟，綠豆芽及小黃瓜絲燙熟，盛入碗中，加入番茄辣醬（份量視個人喜好），拌勻後食用。

番茄雞丁炒飯

番茄雞丁炒飯 →→ 1人份

材料

雞胸肉1副（去皮去骨）、沙拉油2大匙
洋蔥1/4顆（切小丁）、雞蛋2顆（打散）
番茄2顆（去皮去籽切小丁）、白飯2碗
冷凍青豆仁1大匙、玉米筍4支（切小丁）
鹽與雞粉適量、乾燥巴西利碎適量

做法

1 雞胸肉先行燙熟，待冷卻後，切成小丁。

2 鍋中將油燒熱，爆香洋蔥，加入雞蛋炒散。

3 加入雞丁及番茄丁入鍋中炒香。

4 下白飯炒鬆，再加入青豆及玉米筍同炒。

5 以適量的鹽與雞粉調味，熄火，撒上巴西利碎，
即可香噴噴上桌。

西班牙海鮮飯

西班牙海鮮飯 →→ 1人份

料

鯛花枝1/2隻（切成圈狀）、蛤蜊6-8個、草蝦5-6隻
奶油1大匙、洋蔥1/8顆（切碎）、白米1/2杯
高湯2杯、小牛番茄1顆（去皮去籽切小丁）
番茄醬1大匙、鹽與胡椒適量、乳酪粉1大匙

1. 海鮮料事先燙熟備用。
2. 取一平底鍋，放入奶油加熱，爆香洋蔥後，加入白米以小火炒至米粒呈半透明狀，加入高湯煮至沸騰，轉小火將米燉熟。
3. 加入番茄丁與番茄醬於鍋中炒勻。
4. 拌入已事先燙好的海鮮料略炒。
5. 以適當的鹽與胡椒調味，盛盤，撒上乳酪粉即可食用。

Tips

1. 西班牙海鮮飯（Paella）為西式燉飯，特色是在飯中加入紅花（一種花絲）與番茄，所以顏色呈橘紅色，十分誘人。
2. 與義大利麵煮至八分熟一樣，西班牙式的燉飯應煮至八分熟，其米心中間會有些硬硬的。
3. 炒米的過程需使用小火，若米粒開始黏鍋就需要加入少許高湯以防止黏鍋。
4. 由於紅花十分昂貴，現代人多半只以番茄及其製品來使飯呈現紅色。

義大利肉醬麵

義大利肉醬麵 →→ 1人份

義大利細扁麵（Liquine）100g、鹽1小匙、橄欖油2小匙
洋蔥（碎）1小匙、大蒜2瓣（切碎）、西洋芹（碎）1小匙
胡蘿蔔1/3條（切碎）、牛絞肉100g、義大利香料1小匙
紅酒100cc、番茄糊1大匙、高湯1杯、鹽與胡椒適量

1 燒開一鍋水，加入1小匙鹽入沸水中，加入麵條煮至八分熟。

2 取一平底鍋，倒入橄欖油燒熱，爆香洋蔥與大蒜碎，分別加入西洋芹碎與胡蘿蔔碎炒至出水。

3 放入牛絞肉炒至變色，加入義大利香料將肉炒香，再淋入紅酒煮至酒精揮發。。

4 加入番茄糊炒勻，淋入高湯，煮至湯汁沸騰，轉小火，起鍋，淋於煮好的麵條上。

Tips

1. 番茄、橄欖油與乳酪為義大利料理三寶。以番茄熬製而成的紅醬為義大利麵（Pasta）、番茄乳酪沙拉等經典義式菜餚的主角，而義大利肉醬的靈魂食材正是番茄與其製品番茄糊，當番茄遇上牛肉，細火慢燉熬製出的菁華肉醬讓人感覺特別幸福！
2. 義大利香料為一種綜合性香料，將適合烹調義大利麵的香料融入一罐中，方便又省事，各大超市均有售。

番茄燉牛肉

番茄燉牛肉 →→ 2人份

材料

牛裡脊肉 300g（切 2cm 塊狀）、橄欖油 2 大匙
洋蔥 1/2 顆（切丁）、西洋芹 1 小支（切丁）
胡蘿蔔 1/3 條（切丁）、義大利綜合香料 2 小匙
高湯 1 杯、鹽與胡椒適量、小牛番茄 2 顆（切小塊）

做法

1 取一平底鍋，倒入橄欖油加熱，爆香洋蔥，再加入西洋芹與胡蘿蔔炒至蔬菜軟化。

2 牛肉放入炒至變色，加入義大利香料炒香，再加入番茄塊略炒，淋入高湯煮至沸騰，轉小火慢燉 20-30 分鐘。

3 將已煎熟的魚片入鍋中燴煮片刻，淋上香油後即可盛起。

4 加入適當的鹽與胡椒調味，熄火起鍋。

Tips

在美國，將番茄入菜最家喻戶曉的應該就是番茄燉肉（Beef Stew），我個人十分推薦，一是番茄經過烹調後茄紅素較多，二則有番茄加入，更能提升牛肉的美味，兩者互相提增，更是相得益彰。

番茄通心粉蔬菜湯

番茄通心粉蔬菜湯 →→ 4碗

材料

大利通心粉1/3杯、橄欖油1大匙
洋蔥1/8顆（切小丁）、大蒜1瓣（切碎）
西洋芹1小支（切丁）、胡蘿蔔1/3條（切丁）
番茄1顆（去皮去籽切丁）、義大利香料1小匙
番茄糊1大匙、高湯2杯半、鹽與胡椒適量

做法

1. 將義大利通心粉煮熟後撈起備用。
2. 平底鍋中倒入橄欖油加熱，先爆香洋蔥與大蒜，接著分別加入西洋芹、胡蘿蔔與番茄丁炒至蔬菜出水。

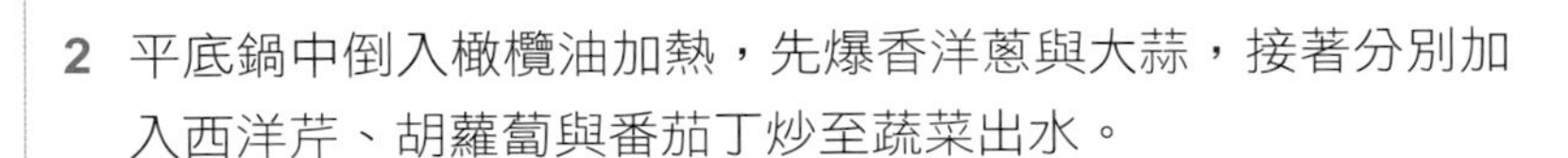

3. 加入義大利香料炒香，再加番茄糊炒勻，淋入高湯煮至沸騰，再轉小火慢煮15分鐘。
4. 加入預先煮好的通心粉放入湯中。
5. 加入適當的鹽與胡椒調味，熄火起鍋。

Tips

這是一道義大利有名的湯品，除了加入番茄以及番茄糊之外，另一個特色就是湯中加入義大利麵，吃上一碗，飽足感十足。

羅宋湯

羅宋湯 →→ 4人份

材料

小牛番茄2顆、牛腩300g、橄欖油2大匙
洋蔥1顆（切片）、西洋芹2小支（切丁）
胡蘿蔔1條（切丁）、高湯10碗
香料袋1袋、鹽與胡椒適量

做法

1 番茄洗淨，去蒂，在頂端以小刀劃十字形。

2 牛腩切2cm塊狀，入沸水中川燙，取出備用。

3 湯鍋中加入橄欖油燒熱，爆香洋蔥後，加入西洋芹與胡蘿蔔略炒。

4 加入高湯、牛肉、整顆番茄、香料袋，燉煮約1小時。最後以適當的鹽與胡椒調味。

Tips

1. 這是一道俄羅斯代表湯，羅宋是Russian（俄羅斯）的譯音，主材料為番茄、牛肉及蔬菜，和義大利蔬菜湯不同的是湯裡沒加番茄糊，所以湯是呈白色的。
2. 香料袋用於燉煮肉類時，功能類似中式的滷包。做法是將玉桂葉、百里香以及黑胡椒粒包入紗布中，以棉繩綑綁後就可以使用。

早餐 純番茄汁、總匯三明治

純番茄汁 →→ 1人份

材料　紅番茄2顆、礦泉水100cc

做法　將番茄洗淨、切小塊，與礦泉水放入果汁機中打勻，倒入杯中，趁鮮飲用。

材料　土司麵包3片、奶油（放於室溫下軟化）1大匙
雞胸肉1副（去骨）、鹽與胡椒適量、蛋1顆
美生菜1葉、小牛番茄1顆（切片狀）

做法

1. 烤箱轉至180℃，預熱10分鐘。三片土司各抹上一層奶油，放入烤箱中烤至表面呈金黃色。
2. 雞胸肉抹上鹽與胡椒，入鍋中煎熟後，待冷卻，切成片狀。
3. 蛋打散，在平底鍋中煎成蛋皮。
4. 美生菜洗淨，擦乾水分後，切成絲狀。
5. 將土司有塗奶油的那一面朝上，平均加入雞肉片、蛋皮、番茄片、美生菜絲，檢查是否有將餡料夾好夾緊。
6. 以麵包刀對切成兩個三角形，即可食用。

午餐 奶油番茄湯、紅燴牛肉飯 <<<<

奶油番茄湯 →→ 4 人份

材料 奶油 30g、洋蔥（碎）1 大匙、麵粉 2 大匙、紅番茄 2 顆（去皮去籽切小丁）、高湯 1 杯半、鹽與胡椒適量、鮮奶油（動物性）1 大匙

做法

1 鍋中放入奶油加熱至融化（注意奶油不應燒焦，以免影響湯的口感），爆香洋蔥碎，再加入麵粉炒成糊狀。

2 番茄丁加入鍋中略炒，倒入高湯煮沸，轉小火慢燉 15 分鐘。

3 以適量的鹽與胡椒調味，熄火，加入鮮奶油調勻，即可食用。

紅燴牛肉飯 →→ 1 人份

材料 牛裡脊肉 150g（切塊狀）、沙拉油 2 大匙、洋蔥 1/2 顆（切丁）、胡蘿蔔 1 條（切立方塊狀）、馬鈴薯 1 顆（切立方塊狀）、青椒 1 顆（去蒂及籽切丁）紅椒粉 1 大匙、番茄糊 1 大匙、雞高湯 1 杯、白飯 1 碗

做法

1 牛裡脊肉入沸水中川燙去血水。

2 平底鍋內放入沙拉油加熱，爆香洋蔥，陸續加入胡蘿蔔及馬鈴薯炒至軟。

3 放入已川燙好的牛裡脊肉略炒，再加入紅椒粉及番茄糊炒勻。

4 沖入高湯，煮至沸騰，轉小火慢燉 20-30 分鐘，至湯汁收乾，烹調結束前 5 分鐘，加入青椒同煮。

5 以適量的鹽與胡椒調味，熄火。食用時佐以白飯。

Tips 紅椒粉是以匈牙利所產的紅甜椒磨粉而成，並非是紅辣椒粉，一般大型超市均有販售。購買時最好以其英文名稱 Paprika 來對照，以免買錯。

晚餐 水果盅、海鮮茄汁義大利麵

水果盅→→2人份

材料｜聖女紅與黃番茄各半杯、奇異果1顆（去皮切丁）
蘋果1顆（去皮去核切塊）、檸檬汁2大匙、優格1杯

做法
1 水果洗淨，切好，以檸檬汁醃一下（增加風味以及避免蘋果變色）。
2 瀝乾水果之水分，加入優格拌勻，裝入玻璃器皿中。

海鮮茄汁義大利麵→→1人份

材料｜義大利麵條（Spaghetti）100g、花枝1隻（切成圈狀）
蛤蜊8-10個、草蝦4隻、鹽1小匙、橄欖油1大匙
洋蔥（碎）1大匙、大蒜（碎）1大匙、義大利綜合香料1小匙
番茄醬1大匙、高湯2大匙、鹽與胡椒適量

做法
1 義大利麵條加1小匙鹽煮熟，拌入少許油備用。
2 海鮮料川燙至熟，撈起備用。
3 平底鍋中放入橄欖油加熱，爆香洋蔥與大蒜碎，已燙好的海鮮料入鍋中炒，加入義大利香料炒勻。
4 加入番茄醬炒勻，再淋入高湯煮至幾乎收乾。
5 加入已煮好的義大利麵入鍋中快速拌炒，並以適量的鹽與胡椒調味，即可盛盤。

早餐 番茄優酪汁、烤番茄三明治 <<<<

番茄優酪汁 →→ 1人份

材料 紅番茄1顆、優酪乳（原味）200cc

做法
1 番茄洗淨，切成小塊狀。
2 將番茄與優酪乳放入果汁機中打勻，倒入杯中飲用。

烤番茄三明治 →→ 1人份

材料 土司2片、奶油（放於室溫下軟化）1湯匙、美乃滋1小匙
美生菜1葉、玉米粒1大匙、小牛番茄1顆（切圓片）

做法
1 烤箱調至180℃，預熱10分鐘。將兩片土司的兩面皆均勻抹上一層奶油，放入烤箱中烤至表面呈金黃色。
2 取一片烤好的土司，均勻抹上美乃滋後，加入番茄片、美生菜與玉米粒。
3 蓋上另外一片，橫切成兩個長方形的三明治。

午餐 西班牙番茄冷湯、番茄鮪魚蝴蝶麵沙拉

西班牙番茄冷湯 →→ 2 人份

材料

洋蔥 1/4 顆（切小丁）、小牛番茄 1 顆（去皮去籽切小丁）
小黃瓜 1 條（去籽切小丁）、黃甜椒 1/4 顆（去籽切小丁）
番茄汁 200cc

做法

1 將所有蔬菜材料以沸水略燙，撈起備用。
2 將材料放入湯盤中，加入番茄汁即可食用。

Tips

1. 這是一道西班牙的特殊湯，其特殊之處在於這湯是「冷的」。另一種做法是將湯煮熟後，放入冰箱中冷藏至冰。
2. 材料中的小黃瓜，原始做法是加入一種叫「節瓜」的材料，它的身型類似大黃瓜，但肉是黃色的。

番茄鮪魚蝴蝶麵沙拉 →→ 2 人份

材料

蝴蝶狀義大利麵（Farfelle）100g 、聖女番茄 6-8 顆
特級橄欖油（Extra Virgin Olive Oil）2 大匙
洋蔥（碎）1 大匙、鮪魚罐頭 1 罐、鹽與胡椒適量

做法

1 聖女番茄洗淨，每顆切成四瓣。
2 蝴蝶狀義大利麵條煮熟，拌入少許橄欖油備用。
3 準備一攪拌盆，加入所有材料攪拌均勻，盛入沙拉盤中。

晚餐 番茄蛤蜊湯、香煎乳酪雞排附番茄醬汁

番茄蛤蜊湯
→→ 4 人份

材料
橄欖油 1 大匙、洋蔥丁 1 大匙、小牛番茄 1 顆（去皮去籽切小丁）
蛤蜊 1 杯、義大利香料 1 大匙、罐裝番茄醬汁 1 大匙
高湯 2 杯半、鹽與胡椒適量
裝飾：蘇打餅乾 1 片（壓碎）

做法
1. 鍋中放入橄欖油加熱，爆香洋蔥丁，加入番茄炒至出水。
2. 放入蛤蜊略炒，再加入罐裝番茄醬汁及義大利香料炒香，繼續炒至蛤蜊殼張開。
3. 加入高湯煮沸，轉小火慢煮 15 分鐘。以適量的鹽與胡椒調味，盛入湯盤中。
4. 加入蘇打餅乾碎作為裝飾。

香煎乳酪雞排附番茄醬汁
→→ 2 人份

材料
雞胸肉 1 副（去皮去骨）、早餐乳酪片（Cheddar Cheese）2 片
小牛番茄 1 顆（切圓片）、鹽與胡椒適量、九層塔葉（1 小株）

做法
1. 雞胸肉以鹽與胡椒醃 10 分鐘，入沸水中煮熟後，撈起放涼，以壓模壓成圓型。
2. 乳酪片亦以壓模壓成圓形狀。
3. 依順序將雞胸肉、番茄片、乳酪片等材料堆好，裝入盤中，以九層塔葉裝飾。

早餐 番茄炒蛋、番茄蘋果汁

番茄炒蛋 →→ 2人份

材料
雞蛋2顆、鮮奶油（動物性）1大匙、鹽與白胡椒適量
奶油1大匙、小牛番茄1顆（去皮去籽切小丁）

做法
1 蛋打散，加入鮮奶油、適量的鹽與白胡椒。
2 取一平底鍋，放入奶油加熱，倒入蛋液後，以攪拌器快速將蛋液攪動至凝結。
3 加入番茄丁至炒蛋中略炒，即可盛盤。

番茄蘋果汁 →→ 1人份

材料
聖女番茄1杯、紅蘋果1顆、蘋果汁150cc

做法
1 將水果洗淨，切成小塊。
2 所有材料放入果汁機中打勻，倒入杯中，趁鮮飲用。

午餐 茄汁炒飯、番茄排骨湯 <<<

茄汁炒飯 →→ 2 人份

材料
沙拉油 1 大匙、蛋 2 顆（打散）、白飯 2 碗
黃番茄 1 顆（去皮去籽切小丁）、番茄醬 2 大匙
鹽與雞粉適量、蔥花 1 大匙

做法
1 沙拉油倒入鍋中加熱，加入蛋液炒至凝固。
2 加入白飯炒鬆，再加入番茄丁炒勻。
3 加入番茄醬炒勻後，以適當的鹽與雞粉調味。
4 撒入蔥花拌勻，即可熄火，起鍋。

番茄排骨湯 →→ 2 人份

材料
台灣土番茄 1 顆、排骨半斤、黃豆芽 1 杯
薑 1 小塊（切片）、鹽與雞粉適量

做法
1 番茄洗淨切成小塊，排骨川燙去血水。
2 鍋中重新注適量水，加入排骨、番茄、薑片及黃豆芽入鍋中同煮約 25-30 分鐘，以適量的鹽與雞粉調味，熄火。

晚餐 番茄竹筍湯、茄汁粉絲堡<<<

番茄竹筍湯 →→ 2人份

材料　土番茄2顆、綠竹筍1支、薑1小塊（切片）、高湯5碗、鹽適量

做法

1 綠竹筍切滾刀塊；番茄去蒂，每個切成4瓣。

2 高湯煮沸，放竹筍、番茄及薑片同煮至沸，轉小火慢煮30-40分鐘，以適量鹽調味後，熄火。

茄汁粉絲堡 →→ 2人份

材料　冬粉1把、白蝦5隻、麵粉2大匙、油炸油1鍋、沙拉油1大匙
薑2片、洋蔥1/4顆（切絲）、西芹2支（去葉，切長段）
香菇2朵（切絲）、沙茶醬1大匙、番茄醬1大匙、高湯1杯、鹽適量

做法

1 冬粉泡水；白蝦洗淨，剪去鬚及腳，在背部縱剖一刀，以少許鹽醃10分鐘。

2 擦乾白蝦上的水分，將蝦沾上一層麵粉（不要沾太厚，以免影響口感），入油鍋中炸熟，撈起瀝乾油分備用。

3 另鍋，倒入沙拉油加熱，爆香洋蔥絲與薑片，加入芹菜與香菇絲略炒，加番茄醬及沙茶醬入鍋中炒勻，再倒入高湯煮沸。

5 放入泡好瀝乾的冬粉，煮至湯汁被冬粉吸乾且冬粉熟軟。

6 以適量鹽調味，盛入砂鍋中，放上炸好的白蝦，即可上菜。

番茄南瓜飯

番茄南瓜飯 →→ 1人份

橄欖油2大匙、洋蔥（碎）1大匙
南瓜1/2顆（去皮去籽切片）
小牛番茄1顆（去皮去籽切小丁）、高湯2杯
白飯1碗、鹽與胡椒適量

1 橄欖油倒入鍋中燒熱，將洋蔥爆香。

2 放入南瓜炒至出水，再加入番茄丁略炒。

3 鍋中加入高湯煮至沸騰，轉小火燉煮至南瓜完全軟化。

4 加入白飯拌勻，以適量鹽與胡椒調味，即可熄火盛起。

Tips 以西式燜飯方式將南瓜與小牛番茄的營養融入米飯中。

番茄糙米核果飯

番茄糙米核果飯 →→ 1人份

材料

橄欖油1大匙、香菇5-6朵（泡軟切小丁）
小牛番茄1顆（去皮去籽切小丁）
糙米飯1碗、松子1大匙、鹽與胡椒適量

做法

1 鍋中放入橄欖油燒熱，放入香菇丁與番茄丁炒香。

2 加入糙米飯炒熱，再拌入松子略炒。

3 以適量的鹽與胡椒調味。

Tips

茄紅素與維生素E的結合可降低直腸癌的風險，而且飲食中也應降低蛋白質的攝取。維生素E的食物來源有糙米、核果類等。

番茄精力湯

番茄精力湯 →→ 1人份

材料

聖女番茄半杯、苦瓜1/4條（去籽）、胡蘿蔔1/2條
美生菜2葉、核桃仁1大匙、西洋芹菜1小支
小麥草汁200cc、蜂蜜1大匙

做法

1 將所有蔬菜材料洗淨，切小塊。

2 所有材料放入果汁機中打勻，趁新鮮飲用。

Tips

精力湯含有豐富的水溶性維生素B群，容易因為存放時間久而流失掉，所以最好在打好之後30分鐘內飲用完畢。

什錦沙拉

什錦沙拉 →→ 1人份

材料

什錦生菜（盒裝或袋裝，視個人之食量）
市售和風醬汁（配合蔬菜的量）
聖女番茄8-10顆、麵包丁適量

做法

1 將蔬菜洗淨擦乾水分；聖女番茄每顆切成四瓣，盛入沙拉碗中。

2 倒入適量的醬汁於蔬菜中，充分攪拌均勻，盛入盤中。

3 撒上麵包丁作裝飾。

Tips 麵包丁可先放入烤箱中烤香，風味更佳。

番茄養身料理 ●預防口腔癌

拔絲雙寶

拔絲雙寶 →→ 1人份

材料｜地瓜（黃肉）1條、聖女番茄1杯
細砂糖7大匙、水1大匙

做法

1. 地瓜去皮，切滾刀塊，番茄洗淨，去蒂。
2. 取一不鏽鋼鍋，倒入細砂糖，糖的表面滴上水，開始加熱煮至糖水沸騰，繼續煮至糖汁變濃稠（注意煮糖的過程中，不要去攪動糖漿，以免糖的表面會產生結晶）。
3. 加入番茄與地瓜，使其裹上一層糖衣。
4. 待糖漿結晶後即可食用。

Tips

番茄中的茄紅素與地瓜中的β-胡蘿蔔素可說是兩個寶，日本研究顯示：飲食中高濃度的茄紅素與β-胡蘿蔔素對於口腔癌有一定的防治效果。

抗癌蔬菜沙拉

抗癌蔬菜沙拉 →→ 1人份

材料

白花椰菜1/4顆、綠花椰菜1顆
紅甜椒1/3顆（去籽切絲）、黃甜椒1/3顆（去籽切絲）
聖女黃番茄與紅番茄1/2杯
油醋汁：特級橄欖油3大匙、水果醋1大匙
　　　　洋蔥（碎）1大匙、鹽與胡椒適量

做法

1. 將所有材料洗淨，花椰菜及甜椒皆入沸水川燙，撈起，瀝乾水分。所有蔬菜放入一盆中。
2. 醬汁材料先行混合均勻，倒入蔬菜中，充分拌勻後即可食用。

Tips

研究證實，大量攝取蔬果與茄紅素，可使血液中的人類乳突病毒（子宮頸癌的致病主因）降低，此道沙拉的設計原意即是以大量蔬果加上茄紅素，讓血液中的茄紅素濃度提高，使其具有防治子宮頸癌的效果。

參考文獻資料

註 1：Gann PH., Ma J., Giovannucci E., Willett W., Sacks FM., Hennekens CH., Stampfer MJ.： Lower prostate cancer risk in men with elevated plasma lycopene levels ： results of a prospective analysis. Cancer Research. 59（6）： 1225-1230, 1999 Mar.

註 2：Giovannucci E.： Tomatoes, tomato-based products, lycopene, and cancer ： review of the epidemiologic literature. Journa of the National Cancer Institute. 91（4）： 317-331, 1999 Feb.

註 3：Giovannucci E.： Experimental Biology and Medicine. 227（10）： 852-859, 2002 Nov.

註 4：Giovannucci E., Rimm EB., Liu Y., Stampfer MJ., Willett WC.： A prospective study of tomato products, lycopene, and prostate cancer risk. Journal of the National Cancer Institute. 94（5）： 391-398, 2002 Mar.

註 5：Kim L., Rao AV., Rao LG.： Effect of lycopene on prostate LNCaP cancer cells in culture. Journal of Medicinal Food. 5（4）： 181-187, 2002 Winter.

註 6： Kristal AR.： Vitamin A, retinoids and carotenoids as chemopreventive agents for prostate cancer. Journal of Urology. 171（2 Pt 2）： S54-58; discussion S58, 2004 Feb.

註 7：Murtaugh MA., Ma KN., Benson J., Curtin K., Caan B., Slattery ML.： Antioxidants, carotenoids, and risk of rectal cancer. American Journal of Epidemiology. 159（1）： 32-41, 2004 Jan.

註 8：Muhlhofer A., Buhler-Ritter B., Frank J., Zoller WG., Merkle P., Bosse A., Heinrich F., Biesalski HK.： Carotenoids are decreased in biopsies from colorectal adenomas. Clinical Nutrition. 22（1）： 65-70, 2003 Feb.

註 9：Erhardt JG., Meisner C., Bode JC., Bode C.： Lycopene, beta-carotene, and colorectal adenomas. American Journal of Clinical Nutrition. 78（6）： 1219-1224, 2003 Dec.

註 10：Astorg P., Gradelet S., Berges R., Suschetet M.： Dietary lycopene decreases the initiation of liver preneoplastic foci by diethylnitrosamine in the rat. Nutrition and Cancer. 29（1）： 60-68, 1997.

註 11：Holick CN., Michaud DS., Stolzenberg-Solomon R., Mayne ST., Pietinen P., Taylor PR., Virtamo J., Albanes D.： Dietary carotnoids, serum beta-carotene, and retinal and risk of lung cancer in the alpha-tocopherol, beta-carotene cohort study. American Journal of Epidemiology. 156（6）： 536-547, 2002 Sep.

註 12：Michaud DS., Feskanich D., Rimm EB., Colditz GA., Speizer FE., Willett WC., Giovannucci E.： Intake of specific carotenoids and risk of lung cancer in 2 prospective US cohorts. American Journal of Clinical Nutrition. 72（4）： 990-997, 2000 Oct.

註 13：Yuan JM., Stram DO., Arakawa K., Lee HP., Yu MC.： Dietary cryptoxanthin and reduced risk of lung cancer ： the Singapore Chinese Health study. Cancer Epidemiology, Biomarkers and Prevention. 12（9）： 890-898, 2003 Sep.

註 14：Karas M., Amir H., Fishman D., Danilenko M., Segal S., Nahum A., Koifmann A., Giat Y., Levy J., Sharoni Y.： Lycopene interferes with cell cycle progression and insulin-like growth factor I signaling in mammary cancer cells. Nutrition and Cancer. 36（1）： 101-111, 2000.

註 15：McMillan DC., Talwar D., Sattar N., Underwood M., O'Reilly DS., McArdle C.： The relationship between reduced vitamin antioxidant concentrations and the systemic inflammatory response in patients with common solid tumours. Clinical Nutrition. 21（2）： 161-164, 2002 Apr.

註 16：Hulten K., Van Kappel AL. Winkvist A., Kaaks R., Hallmans G., Lenner P., Riboli E.： Carotenoids, alpha-tocopherols, and retinal in plasma and breast cancer risk in northern Sweden. Cancer Causes and Control. 12（6）： 529-537, 2001 Aug.

註 17：Dorgan JF., Sowell A., Swanson CA., Potischman N., Miller R., Schussler N., Stephenson HE Jr.： Relationships of serum carotenoids, retinal, alpha-tocopherol,

and selenium with breast cancer risk ： results from a prospective study in Columbia, Missouri （United States）. Cancer Causes and Control. 9（1）： 89-97, 1998 Jan.

註 18 ：Sedjo RL., Roe DJ., Abrahamsen M., Harris RB., Craft N., Baldwin S., Giuliano AR.： Vitamin A, carotenoids, and risk of persistent oncogenic human papillomavirus infection. Cancer Epidemiology, Biomarkers and Prevention. 11（9）： 876-884, 2002 Sep.

註 19 ：Nagata C., Shimizu H., Yoshikawa H., Noda K., Nozawa S., Yajima A., Sekiya S., Sugimori H., Hirai Y., Kanazawa K., Sugase M., Kawana T.： Serum carotenoids and vitamins and risk of cervical dysplasia from a case-control study in Japan. British Journal of Cancer. 81（7）： 1234-1237, 1999 Dec.

註 20 ：Livny O., Kaplan I., Reifen R., Polak-Charcon S., Madar Z., Schwartz B.： Lycopene inhibits proliferation and enhances gap-junction communication of KB-1 human oral tumor cells. Journal of Nutrition. 132（12）： 3754-3759, 2002 Dec.

註 21 ：Nagao T., Ikeda N., Warnakulasuriya S., Fukano H., Yuasa H., Yano M., Miyazaki H., Ito Y.： Serum antioxidant micronutrients and the risk of oral leukoplakia among Japanese. Oral Oncology. 36（5）： 466-470, 2000 Sep.

番茄（The tomato in American）， Andrew FS.著，許綺芬譯，藍鯨出版有限公司，2000 年 7 月。

番茄與防癌，呂鋒洲教授著，宏欣文化事業有限公司， 2001 年 11 月。

免疫主角茄紅素，蕭千祐著，元氣齋出版社有限公司， 2003 年 1 月。

台灣地區食品營養成分資料庫，行政院衛生署編印， 1998 年 11 月。

廣　告　回　信
臺灣北區郵政管理局登記證
北台字第8719號
免　貼　郵　票

106-□□
台北市新生南路3段88號5樓之6

揚智文化事業股份有限公司　收

□□□-□□
地址：　市縣　鄉鎮市區　路街　段　巷　弄　號　樓
姓名：

L5301

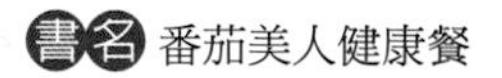

番茄美人健康餐

葉子出版股份有限公司

讀·者·回·函

感謝您購買本公司出版的書籍。
爲了更接近讀者的想法，出版您想閱讀的書籍，在此需要勞駕您詳細爲我們填寫回函，您的一份心力，將使我們更加努力！！

1.姓名：__________

2.性別：□男 □女

3.生日／年齡：西元_____ 年_____月 _____ 日____歲

4.教育程度：□高中職以下 □專科及大學 □碩士 □博士以上

5.職業別：□學生□服務業□軍警□公教□資訊□傳播□金融□貿易
□製造生產□家管□其他_________

6.購書方式／地點名稱：□書店_____□量販店_____□網路_____□郵購_____
□書展_______□其他____

7.如何得知此出版訊息：□媒體_____□書訊_____□書店_____□其他_____

8.購買原因：□喜歡讀者□對書籍內容感興趣□生活或工作需要□其他

9.書籍編排：□專業水準□賞心悅目□設計普通□有待加強

10.書籍封面：□非常出色□平凡普通□毫不起眼

11. E－mail：______________________________

12喜歡哪一類型的書籍：______________________________

13.月收入：□兩萬到三萬□三到四萬□四到五萬□五萬以上□十萬以上

14.您認為本書定價：□過高□適當□便宜

15.希望本公司出版哪方面的書籍：______________________

16.本公司企劃的書籍分類裡，有哪些書系是您感到興趣的？

□忘憂草（身心靈）□愛麗絲（流行時尚）□紫薇（愛情）□三色堇（財經）
□銀杏（食譜保健）□風信子（旅遊文學）□向日葵（青少年）

17.您的寶貴意見：

____

☆填寫完畢後，可直接寄回（免貼郵票）。
我們將不定期寄發新書資訊，並優先通知您
其他優惠活動，再次感謝您！！

根

以讀者爲其根本

用生活來做支撐

引發思考或功用

獲取效益或趣味

葉子